圖解 AI 與深度學習的運作機制

Sadami Wakui
涌井貞美 著

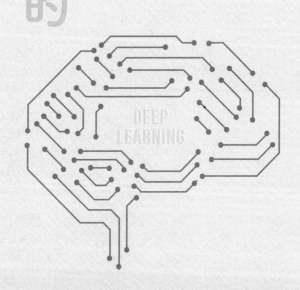

DEEP
LEARNING

在報紙或電視節目上，幾乎每天都會提到與 AI（人工智慧）、AI 機器人有關的話題。

「AI 贏了職業棋士。」

「AI 從電腦斷層圖像判斷癌細胞的能力比經驗豐富的醫師還要厲害。」

「機器人聽得懂人話，會指引路線。」

「AI 自動駕駛將在汽車業界引起革命。」

想必各位應該也聽過其中幾個類似的報導吧。甚至還有更極端的報導會提到「AI 將搶走我們的工作」之類的問題，或者預測「到了 2045 年，人工智慧將超過人類的智慧」之類「科技奇點」的發生。將本來是科幻電影才會出現的情節，說得像是會在現實中發生一樣。

在這樣的時代，了解 AI 的運作機制成為相當重要的課題。不知道 AI 的運作機制卻讓 AI 幫我們診斷疾病、搭乘自動駕駛的汽車，或是和不知道在想些什麼的機器人一起工作，各位應該也會覺得有些不舒服吧。另外，「AI 將造成大量失業」這樣的恐嚇，也會使我們對 AI 產生不必要的恐懼。

「深度學習」帶起了現代 AI 的熱潮，而本書則是解說其運作機制的入門書。書中搭配了許多解說用的圖表，只要有高中程度的數學知識就可以充分理解 AI 的思考方式，讓各位讀者在閱讀本書時，實際體會到「原來 AI 是這樣思考、這樣做出判斷的！」。

如果不去提數學上的細節，其實深度學習的原理並不困難。要是本書能夠幫助各位了解深度學習的概念，那就太棒了。

最後，本書得以完成，要感謝從本書的企劃到付梓過程中給予指導的 Beret 出版坂東一郎先生，以及編集工房 Shirakusa 的畑中隆先生，在此致上謝意。

2019 年初秋　作者

第1章 活躍中的深度學習

第2章 用圖說明 深度學習的機制

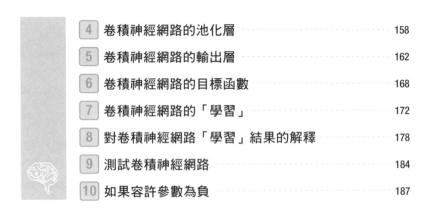

第6章 了解遞歸神經網路的機制

第7章 了解誤差反向傳播法的機制

附錄

《如何使用本書》

- 本書寫作目的是說明深度學習的基本演算法。書中會列出許多圖表及實例幫助說明。不過說明過程可能不夠嚴謹，還請見諒。
- 本書預設讀者擁有高中三年級的數學程度。
- 本書提到神經網路時，指的是包含卷積神經網路在內，與深度學習有關的多種類神經網路。另外，提到激勵函數時，預設為 Sigmoid 函數。
- 本書中提到函數微分時，皆假設該函數圖形充分平滑。
- 本書會使用微軟公司的 Excel，以及常用於資料處理的程式語言 Python 來確認書中提到的理論。工作表相關內容已確認可在 Excel 2013 以後的版本中運作。本書使用的 Python 版本為在 Windows 10 上運行的 3.9.6 版。
- 以小數表示計算結果時，會四捨五入到顯示位數。

範例下載		
正文中使用的 Excel 與 Python 範例檔案皆可自由下載。網址如下。 https://tinyurl.com/3fxnkdar		
相關章節	**檔案名稱**	**概要**
第 4 章 §7	4.xlsx	神經網路的 Excel 工作表
第 5 章 §7	5A.xlsx	卷積神經網路的 Excel 工作表（參數為 0 以上）
	5B.xlsx	卷積神經網路的 Excel 工作表（參數可負）
第 6 章 §6	6.xlsx	遞歸神經網路的 Excel 工作表
第 7 章 §3	7.xlsm	誤差反向傳播法的 Excel 工作表
第 7 章 §4	backpro.py	Python 程式碼
	chr_img.csv	Python 程式碼用的圖像檔
	teacher.csv	Python 程式碼用的正解檔
	wH.csv	Python 程式碼中，隱藏層的權重與閾值的檔
	wO.csv	Python 程式碼中，輸出層的權重與閾值的檔

> 注意
> ・供下載之檔案內容可能在不經預告之下變更。
> ・檔案內容可自由變更或改良，但不提供其他支援服務。

第**1**章

活躍中的
深度學習

深度學習的登場，
讓現代的 AI 有了飛躍性的發展。
讓我們來看看「現在的 AI」是什麼樣子，
以及 AI 與深度學習之間的關係吧。

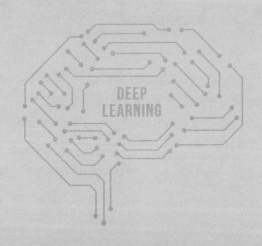

DEEP
LEARNING

1 深度學習開啟了 AI 時代的大門

～現在的 AI 熱潮要從2012年的「Cat Paper」開始說起

在報紙或電視節目上，幾乎每天都會提到與 AI 有關的話題，而深度學習正是引起這波 AI 熱潮的關鍵，使社會出現了相當大的改變。

AI 熱潮

AI 是英語 Artificial Intelligence 的首字母簡稱，譯為人工智慧。

我們幾乎每天都可以在報紙或電視新聞上看到與 AI 有關的報導。

「AI 自動駕駛即將實現。」

「AI 對癌細胞的影像判讀有很大的幫助。」

類似的例子不勝枚舉。

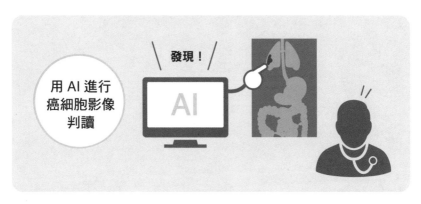

用 AI 進行癌細胞影像判讀

發現！

AI

AI 為什麼會在現在引起熱潮呢？在二十一世紀初期，有誰會想到有這樣的熱潮呢？

一切都要從發表於2012年的「Cat Paper」開始說起。

「Cat Paper」與深度學習

　　事情發生在深度學習發表的那一年，也就是2012年。美國Google公司在這一年6月發表的研究結果中提到「在沒有他人幫助的情況之下，AI成功地自行識別出貓」。後來，這篇論文在AI界中被稱為 Cat Paper。

　　Cat Paper之所以是劃時代的論文，是因為研究過程中研究人員完全沒有告訴電腦任何一個貓的特徵。**電腦是自己分析出貓的特徵，之後就算看到完全沒看過的貓咪圖像，也能判斷出「這就是貓」**，這代表電腦已經能「自己從資料中學習」。

Cat Paper 的 AI

大量的
貓咪照片

新的
貓咪圖像

未學習過
的電腦

學習過
的電腦

識別出
貓咪

讀取

給電腦看大量照片，讓電腦自己找出貓的特徵，就能讓電腦從未看過的圖像中識別出貓咪了，這就是「自己從資料中學習」。

　　再重複一次，Cat Paper之所以是劃時代的論文，是因為「電腦會自己從資料中學習」。這個「Cat Paper」所使用的方式就是 Deep Learning，可譯為深度學習。而深度學習這個概念，正是改變時代的關鍵。在生產、流通、語言、交通、醫療、製藥、教育、軍事、照護等許多領域，都引起了革命性的改變。

11

2 深度學習與AI

～與過去AI不一樣的地方在於「自己從資料中學習」

深度學習一詞經常與AI同時出現。AI是二十世紀後半誕生的詞彙，讓我們稍微回顧從那時到現代的歷史吧！這樣應該就能了解深度學習在AI中的定位了。

AI的歷史

AI並不是最近才成為熱門話題。主流媒體界過去曾出現過兩波AI熱潮，現代則是第三波AI熱潮。

第一波熱潮發生於1950年代，是電腦開始於社會普及的時候。人們鉅細靡遺地告訴機器（電腦）各種計算方法，希望能夠創造出人工的智慧（也就是AI）。

這種設計AI的方式叫做**規則主導**（rule based）。當時的人們樂觀地認為，只要單方面塞進許多邏輯、規則，就可以創造出「知性」，也就是智慧。

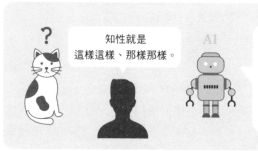

知性就是
這樣這樣、那樣那樣。

第一波AI熱潮中，人類單方面地將各種邏輯塞進電腦中，希望能藉此實現AI，概念上接近科幻電影或動畫中出現的AI。

1950年代時，記憶體十分昂貴，且大容量的記憶媒體還沒出現，所以當時的人們只能寄望於透過塞入大量邏輯來實現知性。

「單靠邏輯實現『知性』」這種規則主導的方式，即使運用現代的電腦也無法成功，更不用說性能相對差了許多的1950～1960年代電腦，只能得到十分貧乏的結果。

順帶一提，「人工智慧」（也就是Artificial Intelligence）一詞，就是在這個年代誕生的。第一波熱潮的AI概念，與目前科幻電影或動畫中出現的AI概念最為相近。

第二波熱潮開始於1980年代。當時人們在設計AI時，不只將邏輯輸入至機器（電腦），也會輸入知識。這種方式稱為專家系統（expert system），活躍於現代的生產工廠，讓工廠中的機器手臂能夠專精於某種特定的工作。

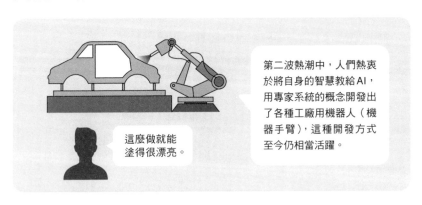

這麼做就能塗得很漂亮。

第二波熱潮中，人們熱衷於將自身的智慧教給AI，用專家系統的概念開發出了各種工廠用機器人（機器手臂），這種開發方式至今仍相當活躍。

第二波熱潮的AI之所以能成功，主因是記憶體與硬碟的大幅降價，降低了收納知識的工具成本。

不過，這種方法也沒有辦法實現AI（人工智慧）一詞原本的概念。專家系統無法產生能識別出貓咪這種複雜物體的高度「智慧」。

現在的第三波熱潮開始於「Cat Paper」發表的2012年之後。以讓機械（電腦）「自己從資料中學習」的概念開發AI，也就是深度學習活躍的開始。

如同我們之後會介紹的，深度學習是將人類腦神經細胞的網路（神經網路）模式化的AI實現方法。這樣的網路讓「電腦自己從資料中學習」一事化為可能。

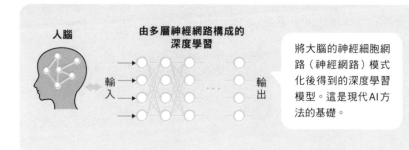

人腦

由多層神經網路構成的
深度學習

輸
入 → 輸
出

將大腦的神經細胞網路（神經網路）模式化後得到的深度學習模型。這是現代AI方法的基礎。

　　第三波AI熱潮之所以能夠實現，就如同我們之後會提到的，是因為我們能夠輕易獲得豐富的資料，以及可以用便宜的價格買到能處理這些資料的硬體。

　　讓我們把以上三個階段用表格整理一下吧。

熱潮	年代	關鍵	主要應用領域
第一波	1950年代	邏輯	益智遊戲等
第二波	1980年代	知識	工業機器人、遊戲
第三波	2012年～	資料	除了第一波、第二波的應用外，還包括識別、分類、預測等多種領域

時機成熟的二十一世紀

　　揭開現代AI序幕的是「Cat Paper」，發表於2012年。為什麼是2012年呢？當然，Google公司的天才技術者在這年寫出相關演算法是原因之一。不過與這件事同樣重要的是「現代」這個時代背景。

　　如同我們前面提到的，要實現深度學習需要大量的資料，以及能夠處理這些資料的強大計算能力。只有在現代科技的幫助下，才能同時達到這兩個條件。

　　我們可以從網路上輕易獲得大量資料。事實上，「Cat Paper」就是從YouTube上擷取了許多貓咪圖像，用來教導AI「貓是什麼」。

　　另外，因應遊戲而開發出來的高速計算能力，也讓深度學習需要的龐大計算變為可能。

　　GPU（Graphics Processing Unit）可以說是遊戲專用電腦的必備

品。GPU常翻譯為圖形處理器，是處理遊戲中圖像的高速運動時不可或缺的裝置。而這個GPU也讓電腦能夠進行單純而龐大的AI運算。

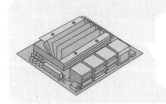

作為電腦遊戲用商品的GPU（NVIDIA公司）。開發來用於遊戲的GPU，其高速的圖像處理功能，對於深度學習來說必不可少。

　「龐大的資料與強大的運算能力」，要是沒有這兩個條件，或許就不會出現「Cat Paper」了。

二十世紀的AI與二十一世紀的AI

　AI需要藉由電腦實現。如同我們前面提到的，二十世紀的AI基本上是由人類教導電腦該怎麼做。譬如當我們希望能用電腦識別某種物體時，會先寫出該物體的特徵，整理之後再輸入電腦。前面提到的第二世代AI的典型例子「專家系統」，之所以叫做專家系統，就是因為如果使用者不是專家的話，就無法教導AI有哪些「特徵」了。

　不過對象物體必須相對單純，專家才能夠「整理出物體的特徵」。要是對象是貓的話就不行了。即使有人想要寫出「貓的特徵」，整理後輸入至電腦，也很難表現出這些特徵。因為每一隻貓都各有不同，要判斷「該列入哪些共通點作為『貓的特徵』」並不是件容易的事。

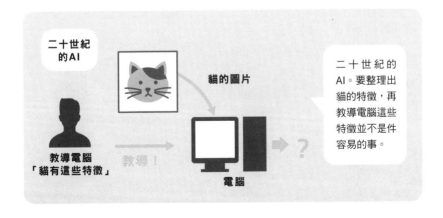

二十世紀的AI

貓的圖片

教導電腦「貓有這些特徵」

教導！

電腦

二十世紀的AI。要整理出貓的特徵，再教導電腦這些特徵並不是件容易的事。

二十一世紀的AI則不需要由人鉅細靡遺地教導電腦，因為其基本概念是讓電腦「自己從資料中學習」。也就是說，二十世紀AI與二十一世紀AI的主要差異如下所示。

「二十世紀AI需由人教導電腦，二十一世紀AI則是讓電腦自己從資料中學習。」

第2章開始，我們會繼續說明「自己從資料中學習」是什麼意思。

 強AI與弱AI

提到AI時，各位可能會聯想到著名漫畫《原子小金剛》、《哆啦A夢》中，「會說人話」、「會思考」、「懂得感情」的理想AI。但現實中，這種AI還尚未實現，這種理想中的AI稱為**強AI**。

另一方面，目前當紅的AI指的是能在特定情況下，輔助或是代替一部分人類行動的AI。譬如專攻圍棋的「Alpha Go」、用於翻譯的「Google翻譯」、即將實現的「自動駕駛」、相當實用的生活工具「掃地機器人」等等。這種特化為某個專業用途的AI，稱為**弱AI**。

機器學習與深度學習

～深度學習是機器學習的一種

二十世紀末起，「機器學習」一詞愈來愈常見。讓我們來看看這個詞和深度學習有什麼關係吧。

深度學習是機器學習的一種

　　一般來說，教導機器（也就是電腦）計算方式，再由機器自行分析資料細節部分的手法叫做機器學習（Machine Learning，簡稱為ML）。

　　機器學習是從二十世紀末開始發展。用§2中提到的歷史來描述的話，這是在「第二波熱潮」的AI開發過程中引入的技巧。

　　由這個定義看來，幾乎所有被我們稱為AI的系統都是用機器學習製作而成的。如下圖所示，深度學習也是機器學習的一種。

三者間的關係。AI的概念最廣，也有一些定義上比較曖昧的地方。

　　如同前節（§2）所提到的，AI經歷了三波熱潮。從這三個世代的趨勢看來，隨著世代的演進，AI的重心逐漸從「由人教導機器」的概念轉變成「機器自己從資料中學習」。這種**「機器自己從資料中學習」的想法，就是「深度學習」**。

過去的機器學習與深度學習的差異

那麼，二十世紀以前的機器學習，和二十一世紀出現的新型機器學習「深度學習」究竟有什麼差異呢？舉例來說，假設我們要製作能夠從圖像上分辨蘋果與橘子的機器（電腦），那麼這兩種機器學習做出來的 AI 有什麼差異呢？

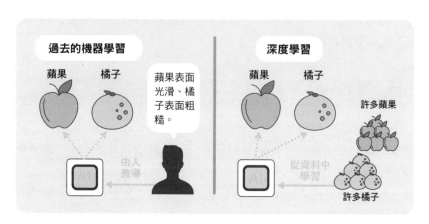

過去的機器學習中，人們會教導機器「蘋果表面光滑、橘子表面粗糙」等知識。而粗糙程度、光滑程度的實際數值，則是利用圖像資料來決定。

相較之下，新型機器學習的深度學習中，人們則不會教導機器任何用於區別的資訊，而是一股腦地把大量蘋果與橘子的圖像丟給電腦。接著，深度學習的機器會自行從圖像資料中找出蘋果「光滑」的特徵和橘子「粗糙」的特徵，藉以分辨出兩者。

（註）我們將在第2章之後詳細說明深度學習的實際運作方式。

AI 是什麼？

現在主流媒體的報導都很自然而然地使用 AI 這個詞。但是仔細一想「AI 是什麼？」，又好像沒那麼容易回答。事實上，AI 並沒有一個明確的定義。

在現在這波AI熱潮開始之前，市面上就有販賣「AI電子鍋」、「AI洗衣機」等產品。但這些產品並沒有說明哪裡有用到「AI」。

如果將機器的判斷功能稱為「AI功能」的話，說得誇張一點，「能夠判斷現在是冷是熱的空調」也可以說是「搭載AI的空調」了。

所以說，AI的定義千奇百怪，不同的人對AI都有著不同的定義。快速發展至今的AI，目前還沒有一個所有人都同意的定義。

日本人工智慧學會的網頁上，引用了著名美國學者的話，將AI定義如下：

「能夠製造出具有智慧的機器，特別是智慧性電腦程式的科學與技術。」

如各位所見，是個相當曖昧的定義。就連「智慧」指的是什麼都沒有講清楚。

不過事實上在討論AI的時候，要是不使用這種曖昧的定義，就很難討論得下去。

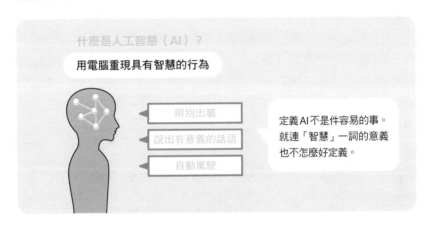

什麼是人工智慧（AI）？

用電腦重現具有智慧的行為

辨別出貓

說出有意義的話語

自動駕駛

定義AI不是件容易的事。就連「智慧」一詞的意義也不怎麼好定義。

將「**搭載了用機器學習做出的電腦系統**」稱為AI是多數文獻的共識，本書中提到的AI也是基於這個定義。

4 深度學習的本質 與特徵抽取

～深度學習能夠識別出特定物體，靠的是「特徵抽取」

為什麼深度學習可以識別出「貓」呢？以下將簡單說明深度學習的機制（詳情請參考第2章以後的內容）。

特徵抽取的方式與人類類似

如同我們在前面提到的（§1），2012年的「Cat Paper」之所以是劃時代的論文，是因為電腦能夠自行找出貓的「特徵」，就算讓電腦看新的貓，它也能夠判斷出「這是貓」。在深度學習的世界中，將這種功能稱為特徵抽取。

而這種電腦的特徵抽取機制與人類有著相似之處。

舉例來說，各位請看看下方的插圖。人們看到這張插圖會判斷這是「人」，但是不管從哪個角度來看，插圖中的人都和現實中的「人」大不相同。那麼，為什麼我們會判斷這是「人」呢？這是因為這張插圖具備了人的特徵。

看到與真正的「人」很像的插圖時，我們之所以會判斷這是「人」，是因為我們透過「特徵抽取」的方式理解到這是一個人。

看到這張插圖時，我們會看到「一個圓形，中央附近有兩個形狀彼此對稱，下方有一個橫的長條形」的特徵，於是我們會判斷這是一個「人」。

說得更極端一點，即使看到原本不代表人的圖案，我們有時候也會把它看成「人」。

舉例來說，請看以下的圖形。這些圖形表示了世界各地的插頭形

狀，有幾個看起來很像人的臉不是嗎？人腦會把和人完全不同的東西看成「人」，這是很有趣的一件事。

人的這種判斷方式固然有部分受到遺傳的影響，但一般認為大多是靠後天學習而來。**看過許多人、物體之後，就會透過學習逐漸累積「這是人」、「這不是人」的知識**。在學習過程中，我們會逐漸掌握所謂「人」的「特徵」。而「Cat Paper」則被認為在電腦中重現了這種人類的學習過程。

特徵抽取不只能應用在圖像辨識上

「Cat Paper」可以從圖像中識別出貓。雖然不曉得為什麼他們要用貓的圖像來測試，不過特徵抽取並非只能用在貓的識別上。狗也可以、麻雀也可以。只要準備大量待識別對象的圖像，就可以進行「特徵抽取」。

而且，「特徵抽取」的對象並非僅限於圖像。圖像資料是 <u>數位資料</u>，也就是由0和1表示的資料。電腦並不知道數位資料的裡面是哪些內容，所以這些資料也不一定非得是圖像。不管是聲音還是詞語，只要能夠數位化，電腦都可以學習如何辨識它們。

不管是圖像還是聲音，只要能夠轉換成數位資料，就可以丟給電腦處理。

所以深度學習的方法不只可以用在詞語、聲音上，也可以應用在更一般的數位資料上。深度學習之所以能活躍於各個領域，也是出於這個原因。

5 監督學習與非監督學習

～深度學習採用的是有正解的「監督學習」

人類的學習方法有很多種。AI 從資料中學習的方法也有很多種。以下將介紹三種代表性的方法。

讓 AI 學習的資料

不論是深度學習還是一般的機器學習，資料都是不可或缺的材料。因為機器學習會用這些資料來進行預測、識別，並建構分類系統。這種用來建構 AI 的資料就叫做訓練資料（training data）。而讓電腦用訓練資料進行機器學習，以建構 AI 的過程，稱為讓 AI 學習。

（註）訓練資料又稱為學習資料。

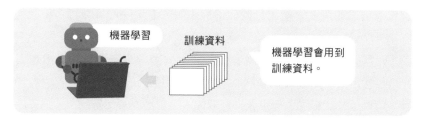

機器學習　訓練資料

機器學習會用到訓練資料。

監督學習

在機器學習的過程中，我們不會在一開始就徹底規定、限制 AI 的做法，而是會保留讓 AI 自行調整的空間，讓 AI 用給的資料「學習」。而在機器學習的領域中，將這種「學習」的方式大致分成三類，分別是「監督學習」、「非監督學習」、「強化學習」三種。

其中，監督學習（Supervised Learning）是最普遍的機器學習方式。訓練資料的每個要素都附有正解，在學習的過程中，需要靠這些正解來決定模型。

「監督學習」的過程中，將學習時使用的訓練資料稱為附正解資料，或是附標籤資料。

訓練資料中的正解部分稱為正解標籤，或者簡稱為標籤；訓練資料拿掉標籤後的部分則稱為預測材料。

用來識別手寫數字「2」的訓練資料。「監督學習」會用附有正解標籤的資料進行訓練。

深度學習基本上都是監督學習。

（例1）建構能識別出狗和貓的深度學習系統時，需要準備大量的狗和貓的圖像，並且在每個圖像加上標籤，標註是狗還是貓。這時，狗與貓的圖像，以及圖像上的標籤，合稱為「訓練資料」。其中，圖像部分叫做「預測材料」，標籤部分叫做「正解標籤」（或者簡稱為「標籤」）。

訓練資料由預測材料與正解標籤組成。

非監督學習、強化學習

非監督學習（Unsupervised Learning）沒有正解的部分。電腦需依照某種基準，自行尋找資料擁有的性質，然後進行識別、分類。因為不需要給予正解，所以在資料的準備上相對容易，但使用的數學會比較複雜。

強化學習（Reinforcement Learning）是透過嘗試錯誤，找出「讓價值最大化的行動」的學習方法。

這種描述聽起來有些抽象，不過想像一下人們是如何學習騎乘腳踏車、如何學習游泳的話，就很好理解了。為了讓達成目標的成就感這種「價值」達到最大，我們會多次嘗試錯誤，然後在這個過程中逐漸確定出模型。

本書不會詳細討論非監督學習、強化學習。不過，監督學習、非監督學習、強化學習之間，在分類上彼此都有重疊的部分，研究人員們現正致力於重疊部分的研究。

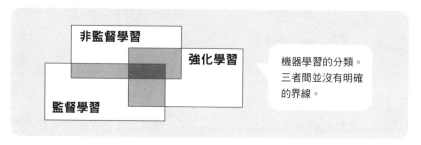

機器學習的分類。三者間並沒有明確的界線。

深度學習的學習與推論

AI的發展速度過快，許多用語並沒有統一。譬如「推論」就是其中一個例子。

一般意義上，「推論」指的是以既有的邏輯與知識為基礎，推導出新的結論。

不過，在談論到深度學習的「學習」時，「推論」卻有著不同的意思。

如同我們前面看到的，在深度學習的世界中，**「學習」指的是運用訓練資料來建構神經網路。**

相對的，**「推論」通常是指將實際資料丟給完成「學習」後的深度學習神經網路，讓神經網路完成我們的目的。**

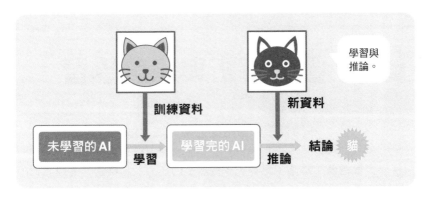

不過，**「學習」需要龐大的計算量**。舉例來說，若想建構一個深度學習系統，讓智慧音箱能夠自然對話，就需要一台巨大的電腦與龐大的資料量。

相較之下，**「推論」不需要如此龐大的計算量**，因為「推論」只要使用已完成的神經路就好。換言之，用於「推論」的「學習完畢」的電腦，不需要具備很強大的性能。

近年來，開始有人開發出專門用於「推論」的深度學習專用電腦。只要用這種電腦，就能用小型系統享受到深度學習的成果。舉例來說，現在在翻譯外語時，還是需要能夠連上網的智慧型手機，不過不久後，離線也能翻譯的時代應該就會到來。

memo 半監督學習

　　機器學習的方法除了「監督學習」、「非監督學習」、「強化學習」以外，還有各式各樣的學習方法。近年來逐漸成為話題的是「半監督學習」。這種學習方式中，會用附有正解標籤的資料，去預測沒有正解標籤資料的正解，是一種活用了監督學習優點的技巧。

6 圖像解析與深度學習

～深度學習最初的活躍領域「圖像解析」

深度學習讓機器（電腦）獲得了「觀看」的能力。這樣的能力讓我們的生活產生了巨大改變。

圖像解析

　　針對已經數位化的圖像，進行分類（Classification）、識別（Recognition）、偵測（Detection）等動作，稱為圖像解析。

種類	意義
分類、識別	分類、識別出圖像中「有什麼」。
偵測	除了分辨出圖像中「有什麼」之外，也要偵測出「在哪裡」。

　　§1提到的Cat Paper正是圖像解析的經典例子，該論文就是用大量貓咪的圖像，學到識別貓咪的能力。

　　不過，圖像解析最有名的應用是「臉部偵測」。在深度學習方法開發出來之前的2010年左右，就已經有某些數位相機搭載了這項功能。當鏡頭朝向拍攝對象時，相機就會自動對焦到那個人的臉上。

臉部偵測功能可以讓數位相機自動判斷出人臉，並對焦到臉上。

那麼，2010年當時數位相機的圖像解析功能，和深度學習所實現的圖像解析，到底有什麼差異呢？

活躍於市街的深度學習

由深度學習實現的圖像解析，在精密度上遠遠超過了數位相機的圖像解析。舉例來說，在「臉部辨識」功能上，深度學習的圖像解析功能可以從有很多人的照片中，分辨出每個人的差異。而且就算戴著太陽眼鏡或口罩，深度學習的臉部辨識系統也認得出是誰。

深度學習所實現的高精密度「臉部偵測」功能，被應用在臉部識別的領域上。在機場、街上要辨識特定人物時，就會用到深度學習。不管對象有沒有戴眼鏡或口罩，深度學習所實現的功能都可以確實偵測、識別出目標。

臉部識別閘門。可比對護照IC晶片上記錄的臉部圖像，以及閘門攝影機所拍攝的臉部圖像，確認是否為本人。

這項技術也被應用在治安管理上，這讓相關單位可以在車站、道路、建築物內，從群眾中追蹤特定對象。彷彿只會出現在科幻電影裡的技術，現在已經能透過深度學習來實現。然而另一方面，這也代表著「監視社會」的到來，讓人們感到不安。

活躍於交通工具的深度學習

現在世界上有許多國家都投入了自動駕駛系統開發的競爭。這項備受期待的技術被視為減少交通事故、增加共享汽車的王牌。

不過，說是自動駕駛，也從「單純輔助駕駛者開車」到「完全不需

要人類」分成好幾個等級（參考下方的表）。

SAE Level 0	完全由人類駕駛。
SAE Level 1	車輛自動化系統可在某些時候輔助人類駕駛者完成數種駕駛操作。
SAE Level 2	車輛自動化系統可自行完成數種駕駛操作，人類駕駛者需監控駕駛環境，並持續完成其他駕駛操作。
SAE Level 3	車輛自動化系統可自行完成數種駕駛操作，並監控駕駛環境。不過人類駕駛者需做好準備，在自動化系統提出要求時隨時接手車輛控制權。
SAE Level 4	車輛自動化系統可自行完成駕駛操作、監控駕駛環境。人類駕駛不需接手車輛控制權，但自動化系統只能在特定環境、條件下駕駛車輛。
SAE Level 5	在任何條件下，只要是人類駕駛做得到的駕駛操作，車輛自動化系統都可以完成。

（出處）日本內閣官房IT總合戰略室
https://www.kantei.go.jp/jp/singi/it2/senmon_bunka/detakatsuyokiban/dorokotsu_dai1/siryou3.pdf
（註）SAE是Society of Automotive Engineers的首字母縮寫。

除了Level 0之外，在表中所有自動駕駛的等級中，圖像解析都十分重要。

根據汽車周圍的對象是人、腳踏車、其他汽車、靜止物，駕駛做出的反應都不一樣。因此自動駕駛汽車雖然裝設了多台攝影機，但還必須要能在瞬間正確識別出拍攝到的對象是什麼才行。此時就需要活用深度學習的圖像解析。

分析車上攝影機拍到的圖像，識別周圍的人或車，以實現安全駕駛。

活躍於醫療界的深度學習

電腦獲得了「觀看」能力，就代表過去需要仰賴人類視覺判斷的工作，可以轉交給電腦進行。這也可以應用於專業領域上，譬如醫療領域的影像診斷。

所謂的影像診斷，指的是將難以從外表窺探到的體內模樣影像化，再透過這類影像去診斷身體是否有異常的醫療技術。以十九世紀末時投入應用的X光照片為始，現在的影像診斷包括了X光照、CT、MRI、PET、超音波等技術，用於多個醫療領域。

現在我們已經可以將這些影像數位化，並用電腦處理。可讓深度學習盡情發揮的舞台已準備好，所以深度學習也理所當然地會被應用在醫療領域上。

如果將§1提到的「是狗還是貓」換成「是腫瘤還是正常細胞」，就可以從影像中診斷出腫瘤。

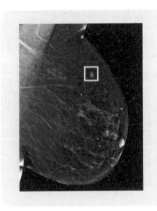

用深度學習辨別乳癌細胞。

©MIT CSAIL
https://www.csail.mit.edu/news/using-ai-predict-breast-cancer-and-personalize-care

用不會疲勞的深度學習進行影像診斷有個優點，那就是比較不會「看漏」。事實上，在許多醫學領域中，深度學習系統的診斷精密度都已經比專業醫師還要好。

7 語音辨識與深度學習

～深度學習不只能用在影像識別上

聲音是一種振動，而振動可以表示成數位圖像。當然深度學習也可以分析這些圖像。

語音辨識與深度學習

　　聽到深度學習可以識別出「貓」時，可能會讓人覺得這是一個和圖像識別有關的技術，和聲音無關。但其實並非如此。

　　舉例來說，當我們想在智慧型手機輸入文字時，可以透過人聲（也就是聲音）輸入。這也是深度學習技術的應用。

只要對著智慧型手機說話，就可以輸入文字。背後靠的就是深度學習技術。

　　此外，近年來 AI音箱、智慧音箱 等家電逐漸普及，也是拜深度學習技術之賜。

AI音箱（智慧音箱）。使用時就像是透過網路和人對話一樣，可以搜尋到各種資訊。

　　在深度學習的活躍下，只要對著音箱講話，就能像是和真人對話一樣，利用網路上的服務。

這種分析聲音，再轉換成有意義詞語的技術，稱為語音辨識，這個語音辨識的領域也是深度學習技術的延伸。

聲音可以用數位資料表示

聲音是空氣的振動，其振動可以用波的形式表示成圖形。也就是說，聲音可以轉換成圖像。這就是為什麼原本用於識別「照片中的貓」的深度學習技術，也可以用在聲音分析上。

只要利用深度學習，就可以從聲音轉換成的數位資料中分析出「特徵量」，這樣一來將聲音轉換成詞語的準備就完成了。

關於聲音輸入

聲音是如何轉變成詞語的呢？以下將以智慧型手機的語音輸入為例進行說明。

智慧型手機的語音輸入系統並沒有存在手機內，而是存在遠方的電腦（這台電腦被稱為雲端），透過網路與我們的手機連接。

聲音會先被分解成名為「音素（phone）」的語言元素，接著再透過深度學習將每個音素轉換成文字。

舉例來說，當輸入「ありがとう」這句話的聲音時，系統會將其分

解成「あ（a）」、「り（ri）」、「が（ga）」、「と（to）」、「う（u）」等音素，接著深度學習系統會根據各個音素的波形圖像，找出與其對應的文字「あ」、「り」、「が」、「と」、「う」。

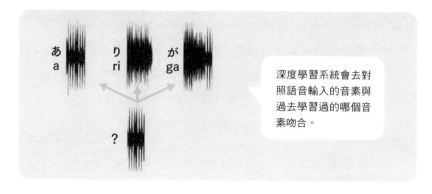

深度學習系統會去對照語音輸入的音素與過去學過的哪個音素吻合。

將聲音轉換成文字後，系統會在雲端辭典上搜尋適當的對應詞語，並在雲端上轉換成適當的句子。

使生活產生劇烈改變的「對話AI」

系統將輸入的聲音轉換成句子後，再分析其意義，就可以和輸入聲音的人對話了。這就是「對話AI」的誕生。

前面提到的AI音箱就是對話AI的一種形式。另外，某些飯店或車站還會用搭載了對話AI的機器人擔任介紹人員。

深度學習使對話機器人得以實現。

近年來，部分客服中心的業務已改由AI接手。由此可以看出，深度學習所衍伸的技術，讓許多以前只能在科幻電影中看到的人機對話場面

得以實現。

順帶一提，要讓機器人說話，必須讓機器人有辦法從文字生成出流暢的聲音，這種技術名稱叫做聲音合成。近年來，深度學習技術在這方面的應用也在日漸增加。

另外，深度學習在文字處理上的應用也擴展到了翻譯的世界，也就是自動翻譯的領域。或許不久後的未來，我們出國旅行時就不會有語言障礙了。

memo 語音辨識與聲紋辨識的差異

前面提到的，將聲音轉換成詞語，讓電腦能夠辨識人類聲音的技術叫做語音辨識。另外還有一個與語音辨識相似的詞，叫做聲紋辨識或聲紋識別。這是判斷聲音是否為本人的技術，可以從多人聲紋的資料庫中，判斷輸入的聲音是誰的聲音。

聲紋辨識的技術已經有很久的歷史。在刑事劇中，經常可以看到警察由電話錄音判斷犯人是誰的場景，這就是「聲紋辨識」的一個例子。

現在，深度學習也活躍於聲紋辨識的領域。因為用在圖像分析上的技術，也可以直接用在聲音的分析上。

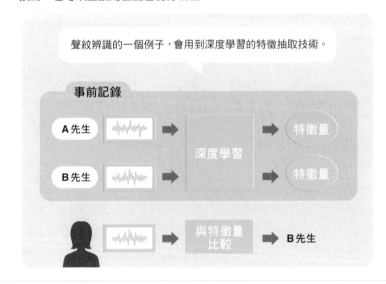

聲紋辨識的一個例子，會用到深度學習的特徵抽取技術。

事前記錄

A 先生 → 深度學習 → 特徵量

B 先生 → 深度學習 → 特徵量

→ 與特徵量比較 → B 先生

8 與 Big Data 十分契合的深度學習

～深度學習可以從大量資料中找出特徵

現在網路上流通的資料量已經成長到十分龐大，是人類史上前所未見的程度，這樣龐大的資料又叫做「Big Data」。目前已有許多人在研究如何面對如此龐大的資料。

而深度學習就是一種備受期待的 Big Data 應對方式。

什麼是 Big Data

有人說現代是「資料的世紀」，還有人說資料是「二十一世紀的石油」，這些都顯示出在這個時代，資料已經是創造財富的最大原動力。

我們可以從 GAFA 的業務看出這點。就如各位所知，GAFA 是 Google、Amazon、Facebook、Apple 等企業的首字母縮寫。這些企業透過資料的力量，在各領域席捲了世界，創造了巨大的財富。

> 在 IT 業界具領導地位的美國四大企業，常簡稱為 GAFA。

而 Big Data 正是「資料的世紀」的本質。由接下來的圖表便可窺知一二。

這個插圖引用自美國調查公司 IDC 的調查報告（2017 年）。由圖表可以看出，2025 年時，預估全球會生成 163 ZB 的資料。地球上的砂粒顆數還不滿 1 ZB，由此各位應該可以理解未來的資料量有多大。現代社會中，資料量正以人類難以想像的速度成長。

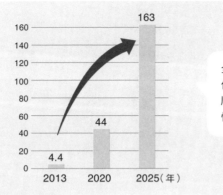

全球生成資料量的預估值。
順帶一提，全宇宙的恆星數約為 20 ZB。

　　順帶一提，各位可能沒有聽過「ZB」這個單位，下表列出了 ZB 與其他單位的關係。

Kilobyte(KB)	1,000Bytes	
Megabyte(MB)	1,000,000	= 1,000KB
Gigabyte(GB)	1,000,000,000	= 1,000MB
Terabyte(TB)	1,000,000,000,000	= 1,000GB
Petabyte(PB)	1,000,000,000,000,000	= 1,000TB
Exabyte(EB)	1,000,000,000,000,000,000	= 1,000PB
Zettabyte(ZB)	1,000,000,000,000,000,000,000	= 1,000EB

Big Data 誕生的地方

　　那麼 Big Data 存在於何處呢？

　　目前誕生的資料幾乎都積累在由網路彼此串連的伺服器（也就是被稱為雲端的電腦）內。

　　那麼，這些資料又是在哪裡誕生的呢？代表性的資料誕生地點如下一頁的圖所示。

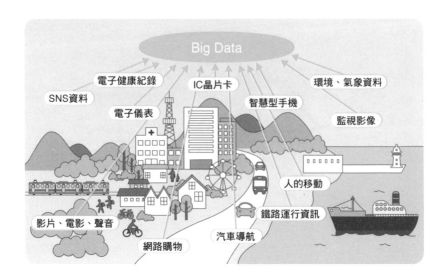

如圖所示，我們的生活與經濟活動中，幾乎全都會產生大量資料。將這些資料蒐集起來後，自然而然就會形成「Big Data」。

不過，一直以來，我們都不曉得該如何有效運用 Big Data，直到最近深度學習這個厲害的工具出現。

深度學習與 Big Data

深度學習可以幫助我們從龐大的資料中，抽取出隱藏在其中的「特徵」。前面提到的 Cat Paper（§1）中，深度學習就是靠著這種能力，從數量龐大的 YouTube 圖像中學習到識別貓咪的方法。

深度學習可以幫助我們從龐大資料中，找出資料的特徵。

這種**「從大量的資料中抽取出潛藏特徵」的能力，被認為是分析 Big Data 的利器**。就像深度學習能從大量圖像中學習到如何識別出「貓咪」一樣，它應該也能從龐大的 Big Data 中找出各式各樣的「特

徵」才對。只要能夠找出資料中的這些「特徵」，應該就能夠解決這些資料的來源——生活或經濟上的各種問題了。

如何解釋從 Big Data 中抽取出來的特徵

有時候，用深度學習從 Big Data 中抽取出的「特徵」會很難以解釋。以下就來介紹一個美國相當有名的故事。

（例）**紙尿布賣得愈好，罐裝啤酒也會賣得愈好**

這是美國的一個著名超市做出來的 Big Data 分析結果。只要利用深度學習的話，要找出這樣的特徵並不困難，但要解釋這樣的結果不是件容易的事。

這個「特徵」有很多種解釋，其中一個著名的解釋如下。

「育有幼兒的家庭中，妻子會拜託丈夫購買紙尿布。而丈夫在購買紙尿布的同時，也會順便購買啤酒。」

不過不管要如何解釋，對於委託進行分析的超市來說，這個「特徵」都十分寶貴。因為接下來，超市只要把賣紙尿布的區塊拉到賣啤酒的區塊附近，就可以靜待營業額成長。

就如同這個例子一般，用深度學習分析 Big Data，經常會讓我們得知難以想像的資料特徵。

memo　Big Data 的三個 V

與過去的資料（data）相比，「Big Data」有以下三個主要特徵。第一，如其名所示，資料量（volume）非常龐大。第二，資料種類（variety）非常多。第三，資料變化的速度（velocity）非常快。這三個特徵常簡稱為「3V」。

9 撐起第四次工業革命的深度學習

～深度學習改變了產業的型態

現代正在進行第四次工業革命，於此同時，深度學習的重要性也愈來愈受到矚目。

工業革命

所謂「第四次工業革命」，指的是用數位資料改變產業結構，藉此推動時代變遷的過程。

最初是德國提出了「工業革命4.0（Industry 4.0）」這個名稱，讓這個概念逐漸普及。

聽到「工業革命」，可能會讓大家聯想到「瓦特的蒸汽機」。蒸汽機成為工廠的動力來源後，使工廠能夠大量生產產品，造成了十八世紀產業結構的重大變革。現在的我們把這次變革稱為第一次工業革命。

在第一次工業革命以後，我們又經歷過了好幾次的工業革命（如下表）。

名稱	開始時期	內容
第一次工業革命	十八世紀末	水力與蒸汽機使工廠機械化
第二次工業革命	二十世紀初	產業分工及電力的應用促進大量生產
第三次工業革命	二十世紀後半	電子工程與資訊技術促使進一步的自動化
第四次工業革命	二十一世紀	以AI分析Big Data，引起數位革命

如同第一次工業革命的蒸汽機一樣，劃時代的技術會大幅改變產業結構。

深度學習的發明，就是現代的「劃時代技術」。深度學習對社會造

成的衝擊，不亞於由詹姆斯・瓦特（1736～1819）發明、在十八世紀引起工業革命的蒸汽機。二十一世紀的社會型態正因為深度學習而產生很大的改變。

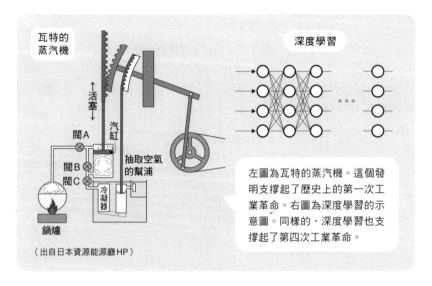

瓦特的蒸汽機

深度學習

活塞

閥A

汽缸

閥B

閥C

抽取空氣的幫浦

冷凝器

鍋爐

（出自日本資源能源廳HP）

左圖為瓦特的蒸汽機。這個發明支撐起了歷史上的第一次工業革命。右圖為深度學習的示意圖。同樣的，深度學習也支撐起了第四次工業革命。

讓我們看個例子吧

如前所述，深度學習之所以會成為現代工業革命中不可或缺的一環，是因為**它讓電腦擁有「眼睛」可以進行多種作業**。另外，不管是什麼樣的數位資料，都可以用深度學習來分析，代表深度學習還具有相當的彈性。

舉例來說，與之前的機器相比，搭載了深度學習的機器可以進行更為精密的作業。因為這些機器擁有更優秀的眼睛，所以原本只有熟練工人才辦得到的精密產品組裝與檢查，現在也可以交給機器人去做。

另外，在機器可以分辨出物品的細微差異後，就可以在同一條生產線上生產種類多、數量少的產品。只要將原本進行大量生產的工廠稍做改裝，深度學習就能讓這些工廠製造出富有個性的產品了。

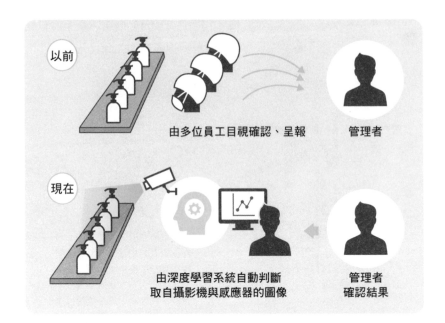

還有一個例子是發電廠。

以前發電廠都是依照過去的需求預測與工作人員的經驗來調整發電量。因為與發電量有關的資料種類太多了,卻沒有適當的武器可以用來分析這些資料。不過在深度學習誕生之後,事情就不一樣了。現在我們已經可以透過多種資料的組合,做出更精準的發電量預測。

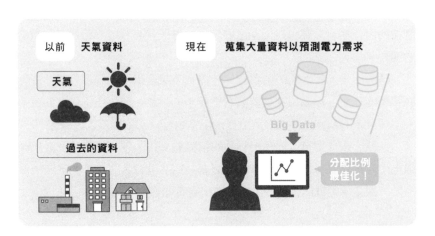

第2章

用圖說明
深度學習的機制

在進行數學性的說明之前，
先讓我們用插圖來看看
深度學習是什麼樣的東西吧。
雖然這樣的說明並不嚴謹，
但應該可以幫助各位了解深度學習的概念。

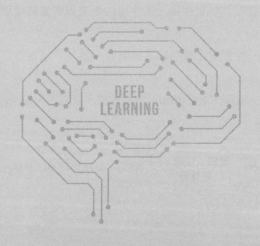

1 從神經元開始談起

～了解腦的神經細胞，也就是神經元的性質

「神經網路」是深度學習的基礎。這裡說的神經網路是將腦的神經細胞（也就是神經元）模式化後組合出來的模型。為了讓各位能理解模式化後的神經元，本節將先簡單說明腦的神經細胞如何運作。

輸入與輸出是什麼？

進入正文之前，先讓我們來確認一下一般生活中不太會使用的「輸入（Input）」與「輸出（Output）」分別是什麼意思。

在我們的日常生活中，很少看到「輸入」、「輸出」之類的詞，不過在 AI 的世界，以及與電腦有關的世界中卻很常看到。以下就讓我們來看看這兩個詞分別是什麼意思。

在電腦的世界中，輸入**指的是將訊號或資料等資訊傳送給某個對象物體。**

（例 1）　在智慧型手機中輸入文字，稱為「將文字輸入至手機」。

（例 2）　讓電腦讀取資料，稱為「將資料輸入至電腦」。

同樣的，在電腦的世界中，輸出**指的是某個對象將訊號或資料等資訊傳送出來。**

（例 3）　用智慧型手機播放某些聲音，稱為「用智慧型手機輸出聲音」。

（例 4）　用電腦印出（print）處理結果，稱為「用電腦輸出結果」。

資訊　→（輸入）→　電腦、系統、裝置等　→（輸出）→　資訊　　輸入與輸出的意思。

生物的神經元結構

接著就來進入正題「神經元」吧。

動物的腦中存在許多神經細胞（也就是 神經元 ），彼此連結形成網路狀。一個神經元可以從其他神經元接收訊號，再將訊號傳送給其他神經元。

據說人的腦中有一千幾百億個神經元，各位應該可以想像這個網路有多複雜。

接下來讓我們來看看神經元傳遞電訊號的機制吧。

如下圖所示，一個神經元是由細胞體、樹突、軸突等三個主要部分構成。

樹突可接收來自相鄰神經元的訊號，再將其傳導到細胞體。細胞體是神經元的主要部分，可以判斷收到的訊號大小，再依判斷結果，將訊號傳送給其他神經元。

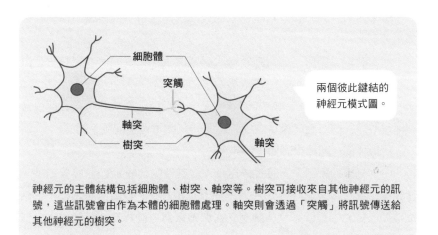

兩個彼此鍵結的神經元模式圖。

神經元的主體結構包括細胞體、樹突、軸突等。樹突可接收來自其他神經元的訊號，這些訊號會由作為本體的細胞體處理。軸突則會透過「突觸」將訊號傳送給其他神經元的樹突。

讓我們試著將這個模型套用在電腦上吧。假設神經元的「樹突」是電腦的輸入裝置，「軸突」是電腦的輸出裝置，「細胞體」則可以說是處理裝置本體。這個處理裝置會判斷輸入訊號的大小，再透過輸出裝置「軸突」將結果傳送出去。

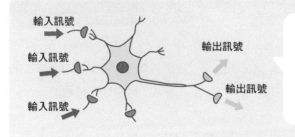

神經元從樹突接收的訊號叫做輸入訊號，從軸突傳送出去的訊號叫做輸出訊號。細胞本體則是處理裝置。

一般認為，大腦便是透過這個神經元的協同工作，來處理資訊。

如此簡單的結構是如何產生「智慧」的呢？這實在是相當不可思議的事。

不過，深度學習提供了一種可能的答案。

神經元處理輸入訊號的方式

前面提到，神經元會判斷輸入訊號的大小，再將其傳送給相鄰的神經元。

那麼神經元到底是如何判斷輸入訊號的大小，又如何將訊號傳送出去的呢？

重點在於，若我們鎖定某個神經元，會發現它在接受來自其他複數神經元的訊號時，對於來自各個神經元的訊號重視程度並不相同。

就讓我們用圖片來說明這件事吧。

如下一張圖所示，先假設神經元 A 從其他的神經元 1～3 接收訊號，且神經元 A 會將來自神經元 1～3 的訊號加總起來。此時的重點是，這個和是加權總和。也就是說，**神經元 A 會將來自各神經元的訊號大小分別乘上一個權重（weight）**。

舉例來說，在次頁圖中，假設來自神經元 1 之訊號「權重」是 5、來自神經元 2 之訊號「權重」是 7、來自神經元 3 之訊號「權重」是 9。另外假設來自神經元 1～3 的訊號值分別是 x_1、x_2、x_3。

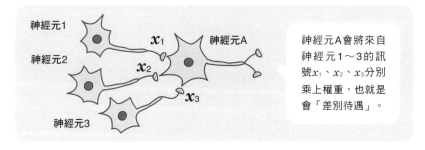

神經元A會將來自神經元1～3的訊號x_1、x_2、x_3分別乘上權重，也就是會「差別待遇」。

接著，神經元 A 會將接收到的訊號分別乘上權重再加總起來，如下所示。

加權總和$= 5 \times x_1 + 7 \times x_2 + 9 \times x_3$ … （1）

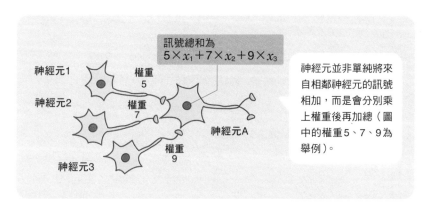

訊號總和為
$5 \times x_1 + 7 \times x_2 + 9 \times x_3$

神經元並非單純將來自相鄰神經元的訊號相加，而是會分別乘上權重後再加總（圖中的權重5、7、9為舉例）。

這種將訊號乘上權重的處理方式，正是神經元的網路之所以能產生智慧的原因。

建構神經網路時，如何決定這些權重是十分重要的問題，之後我們會再提到這件事。

觸發

神經元依照算式（1）計算出加權總和後，又會怎麼處理這個計算結果呢？

前面我們提到「細胞體會判斷接收到的訊號大小，再將結果傳遞給相鄰的神經元」。然而在判斷訊號大小時需要一個基準值。這個神經元

用以判斷的基準值稱為閾值，每個神經元都有其特有的閾值。

接著讓我們來看看「加權總和」的大小不同時，細胞體分別會有什麼樣的反應吧。

（ⅰ）「加權總和」比閾值小的時候

當「加權總和」比閾值小時，神經元的細胞體不會產生任何反應，會無視接收到的訊號。

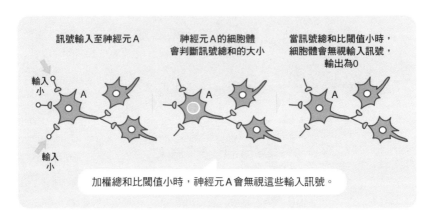

加權總和比閾值小時，神經元A會無視這些輸入訊號。

（ⅱ）「加權總和」比閾值大的時候

當「加權總和」比閾值大時，神經元的細胞體會產生強烈反應，透過軸突向其他神經元發送訊號。這叫做神經元被觸發，也有人以英語firing的翻譯稱呼其為「發火」。

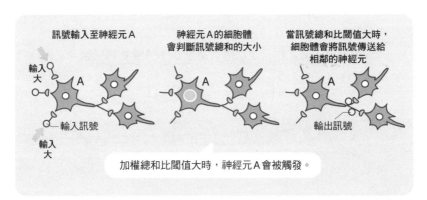

加權總和比閾值大時，神經元A會被觸發。

閾值表示神經元的敏感度

前面提到，當「加權總和」比閾值小時，細胞體會無視輸入訊號。這種「無視較小訊號」的性質對生命來說十分重要。若非如此，只要出現細微的訊號擾動，神經元就會反應，這會讓神經系統處於「情緒不穩」的狀態。

另外，**閾值可以想成是神經元的「敏感度」**。閾值小的神經元（也就是較敏感的神經元）即使接收到小訊號也會產生反應、被觸發。閾值大的神經元（也就是較遲鈍的神經元）接收到細微的訊號時則不會被觸發，而是會無視這個訊號。

閾值是英語 threshold 的翻譯，在電子工程的領域中很常用到。閾有著界線的意思，代表「超過界線就會進入另一個區域」，在這裡則可以想成是「超過閾值就會被觸發」。

順帶一提，除了生理學和人工智慧領域之外，心理學、物理學也會用到「閾值」的概念。

神經元的輸出

神經元被觸發時，會產生什麼樣的輸出訊號呢？讓我們來看看輸出訊號的性質吧。

有趣的是，輸出的大小是一定的，與「加權總和」的大小完全無關。即使相鄰神經元輸入的訊號很大，輸出訊號的數值仍保持一定。

輸出的數值固定

神經元受觸發後，輸出為固定值。

更有趣的是，即使該神經元的軸突連結到多個相鄰的神經元，該神經元輸出給各相鄰神經元的訊號大小皆會相同。

舉例來說，假設某神經元會傳送訊號給兩個相鄰神經元（下圖）。此時，輸出訊號的數值並不是只傳送給一個神經元時的一半，而是和只傳送給一個神經元時相同。

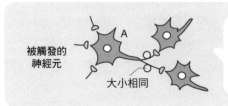

被觸發的
神經元

A

大小相同

被觸發的神經元會藉由軸突傳送訊號給所有的相鄰神經元，且每個相鄰神經元接收到的訊號大小相同。

而且，不管是哪個神經元，受觸發後輸出的訊號數值都是相同的。不管該神經元在體內何處、功能為何，輸出訊號的大小都一樣。

如果將上述情況用電腦領域的概念整理，**就能將神經元被「觸發」後輸出的資訊當作數位訊號，用0或1來表示**。

一個神經元無法形成智慧

由以上說明我們可以知道，一個神經元無法形成智慧。只有當多個神經元形成集團、網路時，才會擁有智慧。

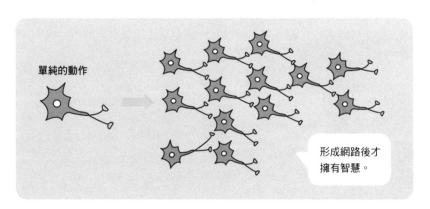

單純的動作

形成網路後才擁有智慧。

　　這和螞蟻及蜜蜂的社會十分相似。螞蟻與蜜蜂的族群中多為複製個體，每個個體的基因皆相同。這些擁有相同身體的個體只要稍微調整彼此間的關係，就可以建構出一個複雜的社會。

　　本書的目標之一，就是從電腦科學的觀點出發，說明這種神奇現象的原理。

---

memo 仿造腦的神經網路

　　本節只簡單交代了生理學上的大腦是怎麼運作。事實上，在學習什麼是神經網路、深度學習時，確實不會用到超出本節內容的知識。

　　不過，大腦仍是我們在開發 AI 時很好的老師。

　　「人類看到花時，能夠辨識出它是『花』。」

　　「人類可以理解什麼是藝術。」

　　「人類會思考問題。」

　　這些動作「對人類來說很簡單」，但要電腦實現卻沒有那麼容易。不過，深度學習確實為我們帶來了一絲希望。

　　有人覺得是希望，相對的，也有許多科學家提出警告。

　　譬如在天文學界相當有名的已故霍金博士，就描述了 AI 的危險性，他的說法如下：

　　「如果人類開發出了完全的 AI，想必這個 AI 會自行發展、開始重新設計自身的 AI，且發展速度會愈來愈快。所以完全的 AI 開發，很可能隱含著人類滅亡的危機。」

　　許多文化評論家認為這些說法只是「杞人憂天」，然而這樣的想法只是過度輕視問題的樂觀主義。

　　如同本書提到的，深度學習雖然機制簡單，卻有著無限大的發展性。霍金博士所說的「AI 會自行發展」很有可能會成真。

　　有些科學家認為「人類只不過是由有機物組成的機械」。如果這種想法正確，那麼哪一天出現「超越人類的 AI」也不奇怪。

2 用神經元機器人來說明

～用簡單的機器人來說明神經元的運作方式

在前一節中,我們說明了神經元的基本運作方式。本節為了方便各位理解,我們會用簡單的機器人來說明神經元的運作方式,其名為「神經元機器人」。

用簡單的機器人來表現神經元的運作

每次都要畫出歪七扭八的神經元實在有些麻煩,所以之後我們會將動作抽象化,用簡單的機器人來解釋神經網路的運作原理。我將這個機器人命名為「神經元機器人」。

如圖所示,機器人的右手手指(我們的左邊)相當於神經元的樹突。手指有幾根,就代表與幾個神經元機器人相連。

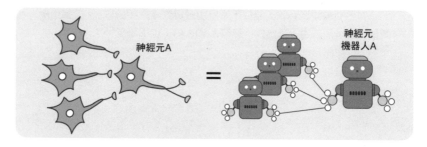

機器人的左手手指(我們的右邊)相當於神經元的軸突。機器人會透過左手手指與周圍的機器人相連。手指有幾根,就代表與幾個神經元

機器人相連。

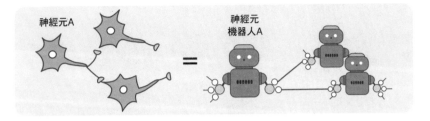

要注意的是，訊號會從機器人的右手（我們的左邊），往左手（我們的右邊）移動。圖中會用箭頭方向來表示訊號傳送的方向。

圖中訊號皆為由左往右傳送，故連接線會用往右的箭頭表示。

這裡我們將神經元被「觸發」的現象轉換成機器人的「反應」。原本神經元只有是／否被「觸發」這兩種可能，即有或無。不過，深度學習所使用的人工神經元被「觸發」時，強度卻有大小之分。如果將「觸發」重新解釋成「機器人的反應大小」，在說明深度學習的模型時會方便許多。

用胸前的計量表顯示反應度。

無反應　　反應很小　　反應很大　　反應最大

用機器人之間的連結線粗細，代表神經元的「權重」

前一節（§1）中，我們提到神經元接受來自其他神經元的訊號時，會計算各個訊號的加權總和。

舉例來說，假設三個神經元1、2、3皆與神經元A相連（見次頁圖）。神經元A對神經元1、2、3賦予的權重依序為3、1、4。假設此時神經元1、2、3傳來的訊號大小依序為x_1、x_2、x_3，那麼神經元本體所

接收到的加權總和如下。

收到的訊號總和（加權總和）＝$3 \times x_1 + 1 \times x_2 + 4 \times x_3$

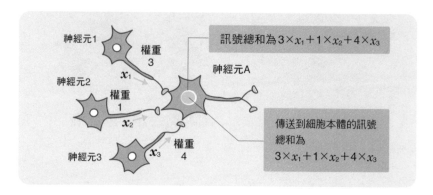

引入神經元機器人的概念來解說深度學習原理有個優點，那就是能夠將權重視覺化。

「權重」可以當作是表示連結的對象有多重要。不過，這種想法實在有些抽象且無法用眼睛確認。若是轉換成神經元機器人，則可以用「箭頭的粗細」來解釋權重。箭頭愈粗，就表示訊號傳送得愈順利；箭頭愈細，就表示訊號傳送得愈不順。上方的神經元示意圖，若用神經元機器人來示意則如下圖。

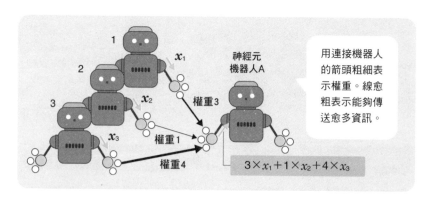

就像上圖這樣，我們可以透過神經元機器人，用視覺的表現方式來表示神經元的「權重」有什麼意義。

閾值難以用圖表示

表示神經元「敏感度」的「閾值」，究竟要怎麼用圖表示呢？讓我們來思考看看。

由神經元修改出來的神經元機器人，當然也要有「閾值」才行。不過，要用圖來表現閾值的概念並不是件容易的事，畢竟我們很難用圖來表示「敏感度」這種抽象的概念。這裡就請大家先暫且接受「跟神經元一樣，神經元機器人的閾值也是表示機器人的敏感度」這樣的概念。

閾值小（敏感）　訊號總和　有輸出　閾值大（遲鈍）　訊號總和　無輸出（無視）　閾值是機器人的敏感度。

使網路擁有智慧

雖然這種神經元機器人相當單純，但在形成網路後，就會產生「智慧」。事實上，第1章§1中提到的「Cat Paper」，就是用跟這種機器人同樣的功能建構出網路，再從YouTube的圖像中辨識出「貓咪」。

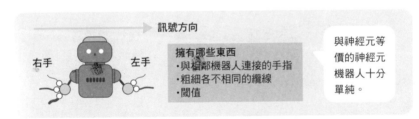

訊號方向　右手　左手　擁有哪些東西 ・與相鄰機器人連接的手指 ・粗細各不相同的纜線 ・閾值　與神經元等價的神經元機器人十分單純。

將單純的機器人組合起來創造出「智慧」——讓這件事化為可能的，就是「集合整個網路的力量來完成工作」的概念。

下一節開始，我們將說明如何有效率地將神經元機器人組合成系統，使其擁有智慧。

3

將神經元機器人
排成一層層

～將神經元排列成層狀後就能產生「智慧」

若將功能單純的神經元機器人依其負責的工作排列成層狀，就能使其擁有「智慧」。讓我們來看看如何排列吧。

處理眼見影像的過程

在開始說明如何排列機器人之前，讓我們先簡單介紹人腦如何處理眼睛看到的影像訊號。之後提到的神經網路就是模仿這個過程。

以下將以貓和狗的影像為例，具體說明機器人在看到貓和狗時，是如何分辨兩者的差異。

假設現在有貓或狗的影像進入視野。此時，眼睛上的感覺細胞——也就是視網膜上的視細胞會接收到相應的光線。視細胞會將光線轉換成神經特有的訊號，接著這個訊號會被送到腦細胞進行分析。然後大腦再藉由分析結果判斷「這是狗」或「這是貓」。簡單來說，處理的步驟如下所示。

（處理）感覺到來自貓的光線→用大腦分析→判斷這是貓

聽起來好像過於簡化，但令人意外的是，這種簡化的過程反而是成功的捷徑。

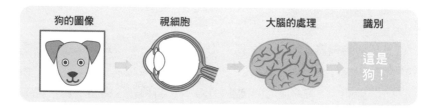

狗的圖像　　　　　視細胞　　　　大腦的處理　　　　識別

這是狗！

假設「層」有三種

為了分辨出狗和貓，我們需要將機器人排列起來。我們可以模仿大腦的影像處理方式，將機器人分成「輸入層、隱藏層、輸出層」等三層結構。層與層之間以箭頭連接，這就是神經網路的一個例子。

（註）圖中隱藏層與輸出層的機器人，分別由上而下標註編號用以區別。另外隱藏層的機器人數量可任意決定。

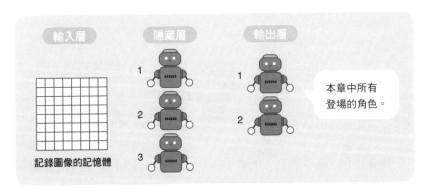

在實際運用的深度學習中，機器人的層數非常多，不過基本上還是可以視為這種三層結構。若能理解這種三層結構，之後碰到實際上複雜的應用時也會輕鬆許多。

輸入層的功能

上方「所有登場角色」示意圖的最左邊，是一塊可以記錄狗或貓照片的圖像用記憶體。這一層叫做輸入層。輸入層內沒有神經元機器人，只負責將圖像訊號輸出至相鄰的隱藏層。

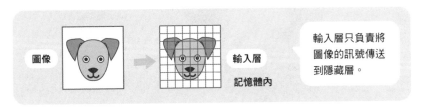

在這張圖中，輸入層的記憶體可對應到8×8個像素的圖像（當然不會有那麼粗糙的圖像，這裡只是為了方便而用較簡單的例子說明）。人類視網膜上的各個視細胞，就相當於輸入層中的各個像素。

隱藏層的功能

前頁「所有登場角色」示意圖的中間有三個神經元機器人排成一列，這層叫做隱藏層。在神經網路中，這層最為重要。

輸入層　　隱藏層

隱藏層中的任一神經元機器人，皆與輸入層中的每個像素連結。

隱藏層中，每個機器人的右手（我們的左邊）手指數皆等於像素的數量8×8＝64根，一根手指會連結到輸入層的一個像素。機器人左手（我們的右邊）則有兩根手指，這表示每個隱藏層機器人都會連結到兩個輸出層機器人。

輸出層的功能

前頁「所有登場角色」示意圖的右端，有兩個神經元機器人排成一列，形成輸出層。

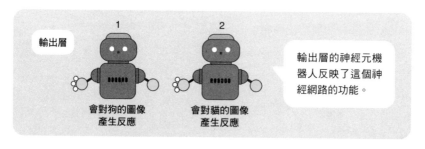

輸出層

1　　　　　　2

會對狗的圖像
產生反應

會對貓的圖像
產生反應

輸出層的神經元機器人反映了這個神經網路的功能。

輸出層的神經元機器人會顯示出這個神經網路的目的。我們的目的

是「識別狗和貓」，所以這兩個神經元機器人分別有以下的功能。

機器人1…輸入層讀取到狗的圖像時會產生反應

機器人2…輸入層讀取到貓的圖像時會產生反應

輸出層中，每個機器人的右手（我們的左邊）有三根手指。每根手指皆與隱藏層的一個機器人相連。

以箭頭連結

接著我們再用箭頭連起來，神經網路就完成了。

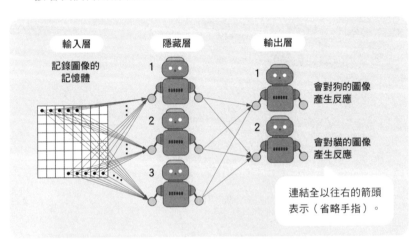

訊號皆是由左往右傳遞，故箭頭方向都是往右。要注意的是，輸入層與隱藏層、隱藏層與輸出層之間的每個要素都要用箭頭相連。這種連結方式叫做全連接。

memo 像素

用數位相機拍攝照片時，相機會用感光元件偵測影像。此時，影像會被切割成格子狀處理，每個格子稱為一個像素。

4

神經網路
產生智慧的機制

～將神經元機器人排列成層狀後就能產生「智慧」

前面我們提到要把神經元機器人排列成層狀，但為什麼這樣就能產生「智慧」呢？這點實在讓人覺得不可思議。其實這個機制就像「哥倫布的蛋」一樣，意外地簡單。

尋找特徵樣式（feature pattern）

請看下方的狗和貓的照片。狗有「黑鼻頭」這個特徵，貓則有「ω嘴」與橫向生長的「鬍鬚」等特徵。

狗

貓

狗有「黑鼻頭」，
貓有「ω嘴」、
「鬍鬚」等特徵。

讓我們用輸入層的記憶體，把它記錄成8×8個像素的圖像吧。

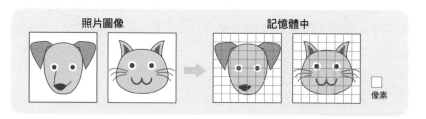

照片圖像　　　　　　　　記憶體中

像素

假設「黑鼻頭」是狗的特徵，「ω嘴」、「鬍鬚」是貓的特徵，那麼只要注意「黑鼻頭」、「ω嘴」、「鬍鬚」等特徵的像素位置，應該就能分辨出貓和狗了。

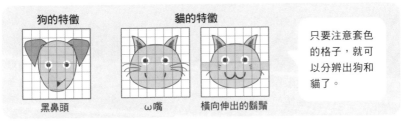

也就是說，只要用與圖像類似的角度拍攝，應該就能用以下像素的模式判斷是狗還是貓了。

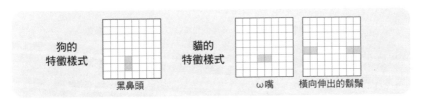

這種像素的模式又叫做「用來分辨狗和貓的**特徵樣式**（feature pattern）」。

（註）特徵樣式有另一種更一般的說法，叫做特徵量。

靠特徵樣式就可以識別圖像

特徵樣式正是神經網路分辨圖像的原理。事實上，就算是外貌稍有不同的狗或貓，我們仍可透過有沒有特徵樣式來辨別對象是狗還是貓。以下將簡單說明為何如此。

如下圖所示，當我們讀取一張新的圖像時，會透過以下的機制辨認出圖像中的動物是狗。下圖中，圖像中的黑色鼻子與狗的特徵樣式「黑鼻頭」一致，但圖像中卻沒有和貓的特徵樣式一致的部分。

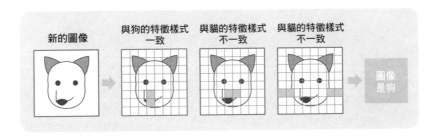

透過上述的步驟，神經網路可以識別出新輸入的圖像是狗。簡單來說，就是只靠特徵來判斷。

讓我們透過下一個〔問題〕再確認一次這個原理吧。

〔問題1〕請用前面提到的特徵樣式，說明要如何識別出 🐱 是貓的圖像。

（解）這張圖像並沒有符合狗的特徵樣式「黑鼻頭」，卻符合貓的特徵樣式「ω嘴」與「鬍鬚」，故可以辨別出輸入的圖像是貓。

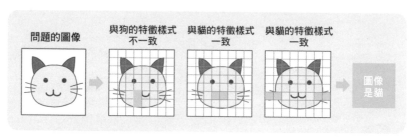

（解答結束）

以三層機器人來辨別圖像的機制

如前所述，只要檢查特徵樣式的部分，就可以識別出這個圖像是狗還是貓。

因此這裡就讓我們用隱藏層中的三個神經元機器人，分別負責檢查這三種特徵樣式吧。

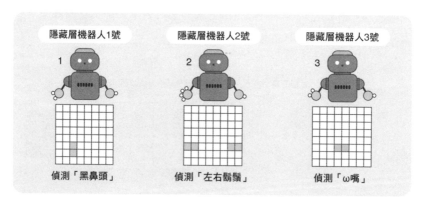

　　隱藏層最上面的神經元機器人（簡稱機器人1號）負責偵測圖像中是否有「黑鼻頭」。同樣的，隱藏層從上算起的第二、第三個神經元機器人（簡稱機器人2號、3號）分別負責偵測圖像中是否有「左右鬍鬚」、「ω嘴」。

　　分配好各個機器人的工作後，就用箭頭連接起輸入層、隱藏層、輸出層，如下所示。

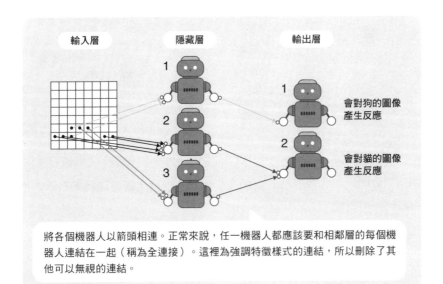

將各個機器人以箭頭相連。正常來說，任一機器人都應該要和相鄰層的每個機器人連結在一起（稱為全連接）。這裡為強調特徵樣式的連結，所以刪除了其他可以無視的連結。

　　輸出層中，從上數來第一個是「看到『狗』的圖像時會產生反應」的神經元機器人，因此它會和隱藏層中負責偵測「黑鼻頭」的1號機器人用箭頭相連。

　　輸出層中，從上數來第二個是「看到『貓』的圖像時會產生反應」的神經元機器人，因此它會和隱藏層中負責偵測「左右鬍鬚」、「ω嘴」的2號、3號機器人用箭頭相連。

　　要注意的是，正常來說任一要素（機器人）都應該要連結到相鄰層的每個要素（機器人）才對（§3）。不過其他箭頭細到可以忽略，所以只保留了上圖中的箭頭。

　　接下來，讓我們試著把剛才的狗的圖像放入輸入層的記憶體內讀取。如下一頁的圖所示，由「黑鼻頭」這個特徵所發送出來的訊號會經

過較粗的箭頭，傳送到「會對狗的圖像產生反應」的輸出層神經元機器人1。

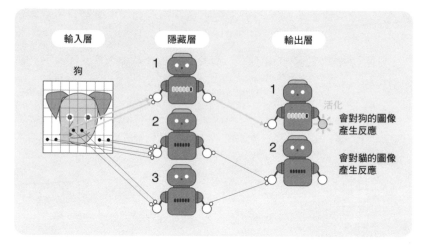

　　相對的，這張圖像並沒有貓的特徵「ω嘴」、「鬍鬚」，不會發送出相關訊號，所以「會對貓的圖像產生反應」的輸出層神經元機器人2不會收到任何訊號。

　　就這樣，輸入層讀取狗的圖像時，會傳送較強的訊號給輸出層的神經元機器人1，使「會對狗反應」的神經元機器人1產生反應。相對的，「會對貓反應」的神經元機器人2則不會反應。因此，只要看輸出層中這兩個神經元機器人的反應情況，就可以判斷出輸入的圖像是狗。

　　由以上過程可以得知，「即使是單純的機制，只要能建構成網路，就能擁有智慧」。

　　了解這個機制之後，請試著回答以下問題。

〔問題2〕試說明以輸入層的記憶體讀取「貓」的圖像時，這個
　　　　　神經元機器人的網路會如何判斷這是「貓」？

（解）如次頁圖所示，「貓」的特徵「ω嘴」、「鬍鬚」所發送出來的訊號，會透過較粗的箭頭傳送至輸出層的神經元機器人2。相對的，這個圖像不包含「狗」的特徵「黑鼻頭」，不會傳送出相關訊號，所以會對「狗」反應的輸出層神經元機器人1不會收到任何訊號。

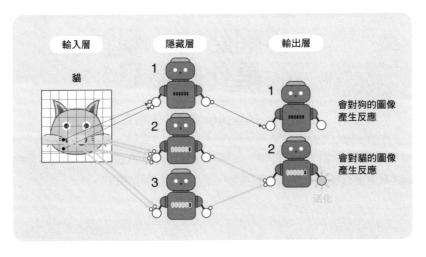

綜上所述，會對貓的圖像產生反應的神經元機器人2收到了很強的訊號，並產生反應。相對的，會對狗產生反應的神經元機器人1則沒有反應。

因此，由輸出層中兩個神經元機器人的反應程度，可以判斷出輸入的圖像是貓。　　　　　　　　　　　　　　　　　　　　　　　（解答結束）

實際的神經元網路

應用在實際資料上時，我們會將神經網路（Neural network）的多個隱藏層堆疊，有時也會讓架構更複雜，這種神經網路稱為深度神經網路（Deep neural network，簡稱DNN）。我們之後會提到的「卷積神經網路（Convolutional neural network，簡稱CNN）」就是深度神經網路的代表之一。而藉由深度神經網路實現的AI系統就叫深度學習。

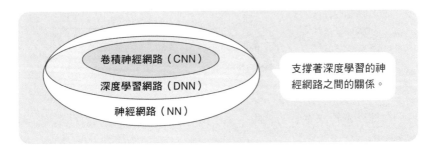

支撐著深度學習的神經網路之間的關係。

5 神經網路的「學習」是什麼意思

～網路的學習是什麼意思？

神經網路是深度學習的基礎，而深度學習需自行透過資料學習。本節與第 1 章有部分重疊，讓我們再複習一下「學習」的意義吧。

深度學習要靠自己「學習」

前一節（§4）中，我們了解到神經元機器人的網路如何辨別狗或貓的圖像。

不過，前一節中所使用的「特徵樣式」是由人類告訴機器人的，而且連接相鄰層機器人的箭頭粗細也是一開始就假定好的。那麼，在實作上特徵樣式和箭頭粗細又是如何決定的呢？

答案是「神經網路會自行透過資料決定」。所謂的「自行」，就是不靠人類告訴他「要這樣、要那樣」。神經網路可以用單純的計算，從龐大的資料中找出這些特徵。人類僅需告訴神經網路那個單純的計算方式即可。

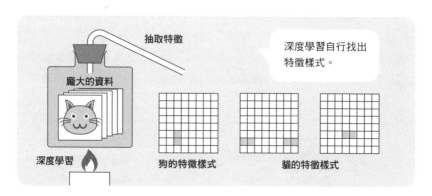

這種「自行決定」的性質，顯示出了「深度學習可以自行學習」。另外，從資料中找出特徵樣式的過程，稱為特徵抽取（第 1 章 §4）。

二十世紀型的AI運作時，需要由人類告訴電腦狗和貓的「特徵」是「這樣、那樣」，AI才能夠分辨狗和貓（但很少成功！）。不過二十一世紀的深度學習可以自行找出資料的特徵，並抽取這些特徵。

深度學習的「學習」指的是什麼？

讓我們再回來看看神經元機器人的網路。下方的示意圖中，顯示了所有構成要素之間的連接線，忠實描繪出全連接的樣子（§3）。

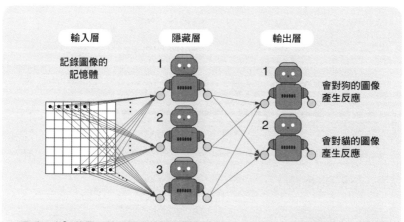

輸入層　　　隱藏層　　　輸出層

記錄圖像的
記憶體

會對狗的圖像
產生反應

會對貓的圖像
產生反應

再看一次§3的圖。輸入層中的所有像素（共8×8＝64個）皆與隱藏層中的每個機器人以箭頭相連（箭頭數共64×3＝192個）。隱藏層中的所有機器人（3個）皆與輸出層的每個機器人（2個）以箭頭相連（箭頭數共3×2＝6個）。

以箭頭連接之兩要素間的關係強度，會用「權重」來表示（§1、§2）。「權重」愈大，代表愈重視以箭頭連接之要素傳來的訊號；「權重」愈小，代表愈輕視傳來的訊號。

次頁為上一節（§4）中的示意圖，圖中只有關係較強的要素間會以箭頭連接。

也就是說，這張圖中只會畫出「權重」較大的箭頭，省略了「權重」較小的箭頭。要畫出這樣的圖，就必須事先知道權重的大小。

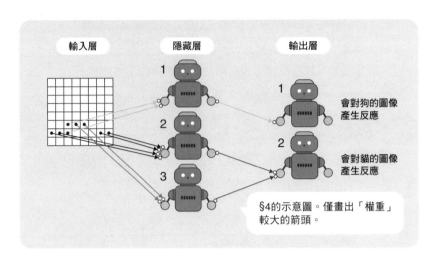

從以上的說明，我們可以了解「深度學習可以自行學習」在模型上的意義。那就是：

「深度學習系統可從資料學習到神經網路的權重。」

順帶一提，另一個神經元機器人的重要特性「閾值」，也和「深度學習可以自行學習」的特性有重要關係。閾值講起來比較複雜，所以詳情將在第3章以後說明。

訓練資料與正解標籤

建構神經網路所需要的資料由兩種資訊組成。用前面提到的例子來說的話，就是貓、狗等「圖像」，以及提示圖像是貓或狗的「正解」這兩種資訊。

當然，最初狀態的神經網路沒有辦法分辨出圖像是狗還是貓。這時候就需要「正解」的資訊，告訴神經網路圖像是狗還是貓。這種圖像與正解配對的資料叫做訓練資料（training data），正解部分叫做正解標

籤（又簡稱「標籤」），我們在第1章中曾經提過。

（註）圖像資料部分稱為預測材料（第1章§5）。

基本上，深度學習是「監督學習」

建構神經網路時，需要調整網路內的參數（也就是權重與閾值）使輸出與正解標籤一致。這種建構模型的方式，在AI世界中稱為監督學習（Supervised Learning）（第1章§5）。

用前面的例子來說明的話就是：讓深度學習模型決定神經元機器人的「權重」與「閾值」，使狗的「圖像」輸入後，輸出層的神經元機器人1會出現很強的反應，而機器人2不反應。這就是監督學習。

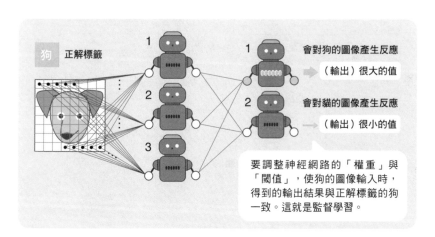

至於實際上該如何調整權重與閾值，必須用數學式來說明才行。我們將在第4章中詳細說明這個部分。

6 用圖說明什麼是 卷積神經網路

～「動態尋找特徵」的想法，在AI世界中掀起了革命

卷積神經網路（CNN）的隱藏層有著特殊結構，使其能夠輕易識別出複雜的圖像。以下將介紹CNN的識別機制。

陽春型神經網路的極限

前一節（§4）中我們提到，若將神經元機器人配置成層狀，就可以識別出狗和貓的圖像。

不過，在前一節中我們只考慮了解析度小且容易鎖定特徵所在位置的圖像。

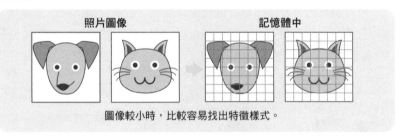

圖像較小時，比較容易找出特徵樣式。

多虧了圖像小，所以我們用簡單的特徵樣式就可以區別狗和貓的圖像（§5）。

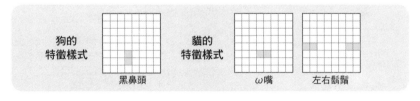

那麼，該如何分辨出較大的圖像是狗還是貓呢？

請看接下來的兩張圖像。這兩張圖像中同樣都有貓，但是貓的位置卻不一樣。

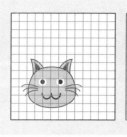

同樣有貓,位置卻不相同的兩張較大的圖像。

此時,貓的特徵樣式之一「ω嘴」的位置就不一樣了。這樣一來,就必須準備多個「ω嘴」的特徵樣式,因為在神經網路中,特徵樣式的位置是固定的。

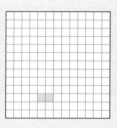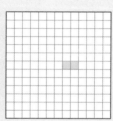

必須準備多個特徵樣式,應對不同位置的貓。

但是,若要因應貓的位置不同而準備好幾個特徵樣式,神經網路的計算會變得相當困難。

上圖圖像的解析度僅為13×13=169像素。光是那麼小的圖都有困難了,更不用說現在數位相機拍出來的大圖了(一般都在1000萬像素以上),用這種方法抽取特徵幾乎是不可能的事。

而將這種不可能化為可能的技巧,就是接下來要介紹的卷積神經網路(Convolutional Neural Network,簡稱CNN)。

掃描特徵樣式

讓我們試著將前文(§4、§5)中提到的「特徵抽取」概念,應用在較大的圖像上吧。為此,我們必須讓位於神經網路隱藏層的神經元機器人裝上腳,讓它動起來。我們將其稱為「檢測機器人」。

接著來看看這種檢測機器人如何運作吧。以前面提到的「ω嘴」為例，這是我們用來識別貓的特徵樣式。

首先，準備好適當的方格，格子中放入前節提到的「ω嘴」特徵樣式，然後交給這種檢測機器人。

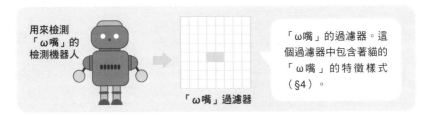

這種方格叫做 過濾器 。因為這種過濾器中包含了「ω嘴」的特徵樣式，故我們在這裡稱其為「ω嘴」過濾器。

（註）本例中是由人將過濾器給予機器人。實際上這個過濾器是計算出來的。計算方式將在第5章中提及。

接著讓檢測機器人拿著這個過濾器，從大圖像的左上往右下移動，每次移動一格，並在表中逐次記錄過濾器與圖像的吻合程度。簡單來說，就是以過濾器為模板，依序從圖像的左上開始往右下掃描。

那麼，我們就馬上請拿著「ω嘴」過濾器的檢測機器人，實際在大圖像上走動吧。機器人會從左上往右下移動，而前三步的檢測結果中，「ω嘴」的特徵樣式與實際圖像上的「ω嘴」皆不重疊，所以神經元機器人沒有找到「ω嘴」特徵。機器人會逐步將檢測結果如下一張圖般記錄在表中。

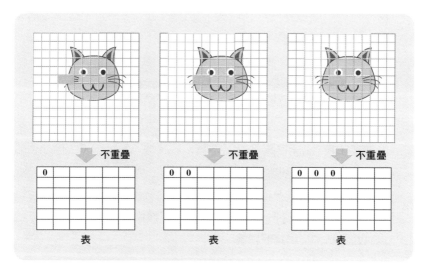

這個操作稱為卷積。反覆進行卷積操作後，到了第9步的檢測結果時，特徵樣式會開始與實際圖像的「ω嘴」重疊。第10步檢測結果中，特徵樣式與「ω嘴」完全一致。這裡我們將第9步、第10步的「一致情況」分別定量化為0.5、1。

（註）0.5、1等數值僅為示意，並非嚴謹定義出來的數值。

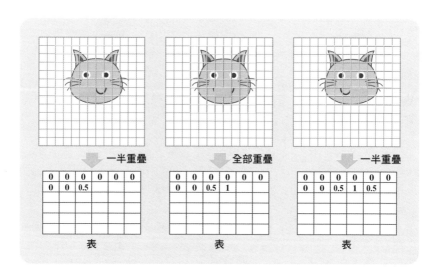

反覆進行以上操作一直到最後，可以得到以下的表。這個表稱為「ω嘴」過濾器的**特徵圖**。

0	0	0	0	0	0
0	0	0.5	1	0.5	0
0	0	0	0	0	0
0	0	0	0	0	0
0	0	0	0	0	0
0	0	0	0	0	0

完成操作後得到的
「ω嘴」特徵圖。

就這樣，我們用相對較小的「ω嘴」過濾器，捕捉到了大圖像中的「ω嘴」，成功找到了圖像中有貓的證據。

所以說，只要用過濾器逐步檢測，製作「一致情況」的表，就可以用一個相對較小的過濾器，從相對較大的圖像中找出我們想找的目標物。這就是卷積神經網路的精髓。

卷積層

和「ω嘴」的例子一樣，我們可以製作出各種過濾器，用以識別各種特徵樣式。

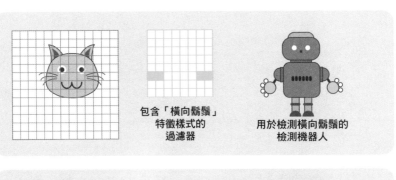

包含「橫向鬍鬚」
特徵樣式的
過濾器

用於檢測橫向鬍鬚的
檢測機器人

包含「黑鼻頭」
特徵樣式的
過濾器

用於檢測黑鼻頭的
檢測機器人

也就是說，有多少個特徵樣式，就需要製作出多少個特徵圖。這些特徵圖合稱為卷積層。

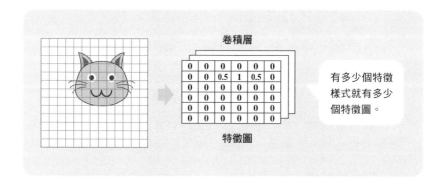

卷積層

有多少個特徵樣式就有多少個特徵圖。

特徵圖

卷積層可壓縮資訊

在這個識別狗和貓的例子中，有多少個變數呢？讓我們來看看吧。圖像中的每個像素，或是特徵圖中的每格數值皆可自由變動，故皆可視為各自獨立的變數。原本的圖像由13列13行的像素組成，因此共有169個變數。

變數個數：13×13＝169個

另外在卷積層中，特徵圖為6列×6行＝36個，共有3個特徵圖，所以變數的個數如下。

卷積層的變數個數：3×（6×6）＝108個

我們可以將變數個數視為資訊量，這表示資訊量從169個減少至108個。也就是說，資訊量被壓縮至原本的6成左右。

在處理實際應用上大到1000萬像素的照片時，這種卷積層的資訊壓縮效果可以發揮出很大的功用。

於池化層進一步壓縮資訊

現在讓我們再看一次前面提到的「ω嘴」特徵圖吧。各位應該不難發現，特徵圖中有很多資訊是0。特徵圖原本是用來整理資訊的表，這種重複的資訊顯得有些浪費空間。

0	0	0	0	0	0
0	0	0.5	1	0.5	0
0	0	0	0	0	0
0	0	0	0	0	0
0	0	0	0	0	0
0	0	0	0	0	0

特徵圖中有許多相同的資訊。

這時候，我們可以將2×2的格子劃為一個矩形（這個矩形稱為「池化窗口」），選其中的最大值作為代表。

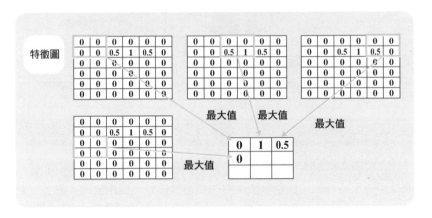

對整張特徵圖進行相同的操作後，可得到一張表，我們將這張表稱為池化表。

（編註：池化表為日本的說法，中文裡會說池化結果，不會特別命名這張表。）

0	1	0.5
0	0	0
0	0	0

池化表。將特徵圖的資訊壓縮後的產物。

「池化表」是將「特徵圖」的資訊再經壓縮後得到的表。比較兩者便可知道，池化表可以在保留特徵圖本質的條件下，進一步壓縮資訊。

（註）這裡是用最大值來壓縮，除此之外還有很多種壓縮方式。譬如用平均值壓縮也是很常見的做法。

如各位所見，一個「池化表」由一個「特徵圖」壓縮而來。所以「池化表」會自己形成一層，稱為池化層。

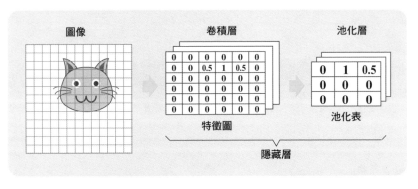

圖像　　　　　　卷積層　　　　　　　池化層

0	0	0	0	0	0
0	0	0.5	1	0.5	0
0	0	0	0	0	0
0	0	0	0	0	0
0	0	0	0	0	0
0	0	0	0	0	0

0	1	0.5
0	0	0
0	0	0

特徵圖　　　　　　　　　池化表

隱藏層

　　卷積層與池化層共同組成了卷積神經網路的隱藏層。也就是說，卷積神經網路的隱藏層包含了這兩層結構。

輸出層與池化層間為全連接

　　池化層的表（池化表）中各欄數值皆包含了壓縮後的圖像資訊，我們可以將其視為隱藏層的處理結果。接著只要將這些結果交給輸出層的神經元機器人，就可以分辨出圖像是狗還是貓了，就像前節（§5）的神經網路一樣。

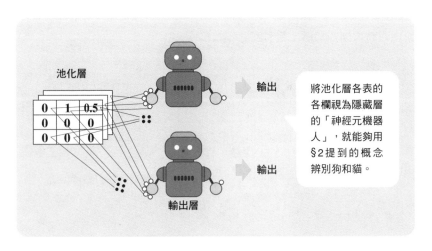

池化層

0	1	0.5
0	0	0
0	0	0

輸出層

輸出

輸出

將池化層各表的各欄視為隱藏層的「神經元機器人」，就能夠用§2提到的概念辨別狗和貓。

　　如上圖所示，輸出層與隱藏層的關係與前節（§5）說過的單純神經網路相同，池化層的任一欄皆會以箭頭連結到輸出層的每個神經元機器人（這種連結方式稱為全連接（§3））。神經元機器人會對每條與之連

接的箭頭賦予「權重」。

隱藏層的閾值

以上是隱藏層的「過濾器」與輸出層權重的相關說明。最後要提的是「閾值」。

如同我們在前面提到的（§2），閾值可以表現出神經元機器人的個性，或者說是「敏感性」。

這裡的輸出層與前一節（§5）中的陽春型神經網路的輸出層相同，每個神經元機器人都有各自的閾值。

隱藏層有三個會移動的神經元機器人（即檢測機器人）。這些機器人也必須賦予它們閾值，這裡的閾值與過濾器的敏銳度密切相關。

實際上的卷積神經網路

池化層中各個池化表的數值，可當作新的輸入層資訊。所以我們可以把它當作輸入層，再製作出新的卷積層與池化層。反覆進行這樣的操作，便可建構出由許多卷積層、池化層交替組成的卷積神經網路。實際使用的卷積神經網路，架構就是如此複雜。

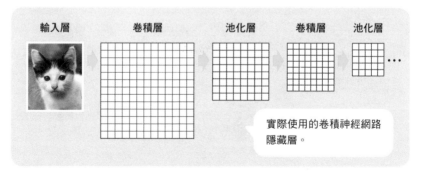

實際使用的卷積神經網路
隱藏層。

7

用圖說明什麼是
遞歸神經網路

～讓神經網路擁有記憶的方法

深度學習沒辦法處理「在順序上有意義的資料」。不過遞歸神經網路
（RNN）可以克服這個缺點。

神經網路沒有時間概念

在前面的例子中，用到的都是靜止圖像，沒有包含時間流動的概念。譬如輸入「貓」的圖像時，雖然前面提到的神經網路可以識別出圖像中的貓，卻沒辦法預測出圖像中的貓會如何運動。

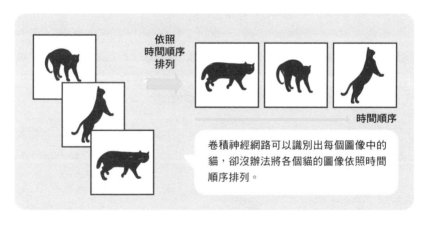

依照時間順序排列

時間順序

卷積神經網路可以識別出每個圖像中的貓，卻沒辦法將各個貓的圖像依照時間順序排列。

簡單來說，沒有時間的概念，就代表沒辦法處理在「順序」上有意義的資料，即無法處理日常生活中擁有「記憶」的資料。

在順序上有意義的資料稱為時間序列資料。本節將介紹專門用於處理時間序列資料的遞歸神經網路（簡稱RNN）。

聽取回音預測下一個資訊

處理時間序列資料的方法很多。用神經網路來處理時間序列資料的優點在於「可以簡單實現」。

神經網路處理時間序列資料的原理類似利用了回聲。當我們向著山大喊「呀呼」後不久，可以聽到「呀呼」的回聲傳回來。將這個回聲資訊與當下的資訊配對，便可以用過去的資訊與現在的資訊去預測未來的資訊。

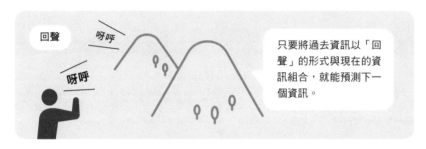

只要將過去資訊以「回聲」的形式與現在的資訊組合，就能預測下一個資訊。

舉例來說，假設朋友要你猜一個日文名稱有三個音節的動物，且中間的音節為「zu」。可以想到的動物包括「ne zu mi（老鼠）」、「u zu ra（鵪鶉）」、「su zu me（麻雀）」等等，多不勝數。即使你知道中間的音節是zu，也很難猜中對方心中想的是哪個動物。

當突然有人問你「第二個音節是『zu』的動物名字是？」時，也無法預測第三個音節是什麼。

不過，如果你還知道第一個音節是「ne」的話，和已知的資訊「zu」組合在一起，就可以預測第三個音節應該是「mi」了。

「應該是『老鼠（ne zu mi）』吧。」

第一個音節「ne」的回聲傳回來時，會與腦中的第二個音節「zu」配對，令人聯想到第三個音節應該是「mi」。

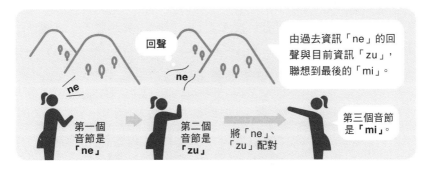

神經網路的結構可以輕鬆地加入像這樣的「回聲」。

在神經網路中加入回聲

　　讓我們透過下一個〔問題〕，來看看如何用神經元機器人在神經網路中加入「回聲」。

〔問題〕請思考由「よ（yo）」、「い（i）」、「し（shi）」三個音節組成的詞。假設我們想建構一個神經網路，使我們在輸入「よい」時，會自動預測第三個音節是「し」，得到「よいし」（意為「好的詩」）的結果。

輸入「よい」時，應自動顯示出第三個字是「し」

　　（解）這個例子過於簡單，雖然很難讓各位感受到遞歸神經網路的威力，但可以幫助各位了解這種神經網路的機制。

為了解決這個問題，首先要準備好五個神經元機器人。將兩個機器人配置於隱藏層，三個配置於輸出層（如下圖），輸出層的各個機器人由上而下分別會在預測出「よ」、「い」、「し」時產生反應。

（註）隱藏層的機器人數目不一定只會有兩個。

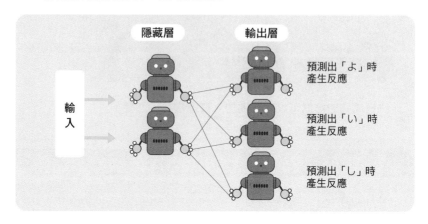

若使用的是這種傳統的神經網路，在我們連續輸入「よ」、「い」時，並沒有能夠記憶第一個字「よ」的地方。理所當然地，就算我們連續輸入「よ」、「い」，神經網路也沒辦法預測出第三個字「し」。

接著讓我們試著將「回聲裝置」C_1、C_2裝在隱藏層上。

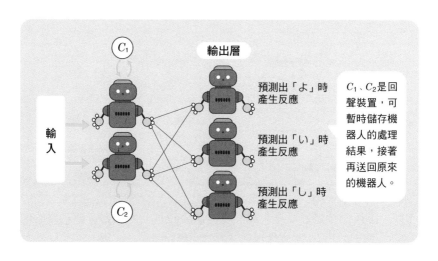

C_1、C_2是回聲裝置，可暫時儲存機器人的處理結果，接著再送回原來的機器人。

新加入的回聲裝置 C_1、C_2 的動作很單純，就是像鸚鵡般，將隱藏層的神經元 1、2 的輸出原原本本地回覆給原本的神經元，就像回聲一樣。這裡的裝置 C_1、C_2 可以記憶以前的資訊，故也稱為記憶（memory）。另外，因為這裝置與上下文有關，所以也叫做上下文節點（context node）。而有這個裝置的神經網路則叫做遞歸神經網路（RNN，Recurrent Neural Network）。

（註）C 是 context 的首字母，意為「上下文」。

接著就來看看這種神經網路如何運作吧。

假設我們一開始輸入「よいし（好的詩）」的第一個字「よ」至神經網路中。輸入第一個字時，因為之前沒有回聲，所以記憶 C_1、C_2 內沒有任何東西。

接著輸入第二個字「い」。由於記憶 C_1、C_2 內仍保留著前一個字「よ」的資訊，故此時神經網路已擁有能夠預測出第三個字的資訊。

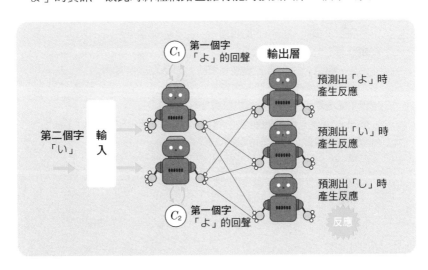

綜上所述，**引入簡單的回聲裝置（也就是記憶），再適當調整權重與閾值，就可以建構出能處理時間序列資料的神經網路了**。這就是遞歸神經網路的原理。 （解答結束）

（註）回聲裝置（記憶）的實際運作方式，請參考第 6 章。

memo 可解釋人工智慧

近年來，AI活躍於各式各樣的領域上。一開始因為「可以識別出貓」、「打敗了將棋、圍棋的職業棋士」而備受矚目，近年來則出現愈來愈多諸如自動駕駛、智慧音箱等更貼近我們生活的應用。

前面也有提過許多次，AI之所以能有這種飛躍性的進化，是因為深度學習技術的誕生。以前的電腦AI在運作前，需由人類告訴它要用什麼「特徵量」進行辨識、判斷。不過深度學習可以讓電腦自行找出這些「特徵量」。這表示，即使碰上人類難以指定「特徵量」的複雜問題，也可以直接用AI來處理。

但這又會產生新的問題。深度學習的辨識與判斷過程可以說是一個黑盒子。有時就連AI的開發者，**都沒辦法說明為什麼AI會這樣回答。**要是沒辦法說明的話，就會產生：

「答案真的值得信賴嗎？」

這樣的疑慮。

這樣的疑慮在某些領域上會引起很大的問題，譬如在自動駕駛的領域中：

「發生了事故，卻不知道原因……」

製造商不能把這當成解釋。

另外，當我們將AI導入醫療領域時，即使AI告訴我們：

「AI由檢查資料做出以下診斷。」

但不知道原因的話，我們也只會感到困惑。

於是，現在人們開始研究能夠說明如何推導出結論的AI，稱為「可解釋人工智慧」。英語可簡稱為 XAI（Explainable AI）。

在第4章、第5章中，我們會稍微談到這個部分。

第3章

說明深度學習
之前的準備

第2章中，
我們利用圖片說明了神經網路的運作機制。
後面我們會用數學式來說明
神經網路的運作機制，
本章則會提到有關的預備知識。

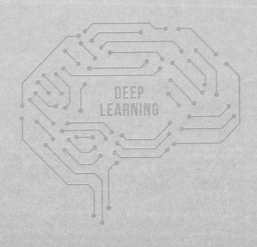

1 Sigmoid 函數

～神經網路的基本函數

拜 Sigmoid 函數之賜，神經網路有了大幅度的進步。以下我們將介紹 Sigmoid 函數的定義及特徵。

指數函數與自然常數

一開始要介紹的是指數函數，所謂的指數函數即以下函數。

$$y = a^x \quad (a \text{ 為大於} 0 \text{的常數，且} a \neq 1)$$

常數 a 為指數函數的**底**。在這些底的值當中，有個特別重要的值自然常數 e。e 又叫做「自然對數的底」，近似值如下。

$$e = 2.71828\cdots$$

Sigmoid 函數

下方的函數我們稱為 Sigmoid 函數，分母包含了一個以 e 為底的指數函數。Sigmoid 函數通常會寫成 $\sigma(x)$。

$$\sigma(x) = \frac{1}{1 + e^{-x}} \cdots (2)$$

（註）σ 為希臘字母，讀作「sigma」，相當於羅馬字母的 s。

某些文獻中的 Sigmoid 函數會寫成以下形式。

$$\sigma(x) = \frac{1}{1 + \exp(-x)}$$

（註）exp 為 exponential function（指數函數）的簡寫。$\exp(x)$ 與 e^x 的意思相同。

接著來看看這個函數的圖形吧。

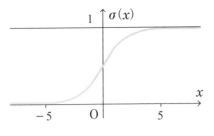

Sigmoid 函數的圖形。

如圖所示，這是一個相當平滑的函數，處處可微分，而且函數值介於0和1之間，函數的值某些情況下可以解釋成比例或機率。

另外，這個函數也有單調遞增的性質。當 x 增加時，函數值 $\sigma(x)$ 必定也會增加。在評估 x 的數值時，這個性質十分方便。

Sigmoid 函數的微分

Sigmoid 函數常用於神經網路的原因還有一個，那就是「輕易微分」這個性質。我們會在附錄 G 中介紹它的以下特性。

$$\sigma'(x) = \sigma(x)\{1 - \sigma(x)\}$$

一般來說，電腦並不擅長做微分。所以像這樣可以從函數 $\sigma(x)$ 輕鬆算出導函數 $\sigma'(x)$ 的性質，可以說是相當重要。

memo　Sigmoid 函數名稱的由來

如同前面註釋所提到的，σ 是希臘字母，讀作「sigma」，相當於羅馬字母的 s。Sigmoid 函數之所以會用希臘字母 σ 來表示，就是因為它的圖形和羅馬字母的 s 很像。

順帶一提，後綴詞「id」是「相像」的意思。譬如 android 意指「很像人的」，而 celluloid（賽璐珞，一種合成樹脂）這個名稱則源自於植物的細胞（cell）。

2 資料分析時的模型與參數

～在資料分析的世界中，區分模型與參數是相當重要的事

我們將神經元的權重與閾值稱為「神經網路」模型的參數。讓我們來看看「參數」是什麼意思吧。

變數與參數

之後我們會提到各式各樣的變數。討論 AI 以及一般的資料分析方法時，碰到的變數大致上可以分成兩種。一種是會隨著資料而改變值的變數，另一種則是決定模型的變數，後者又稱為參數。以下將用〔問題1〕簡單說明這個概念。

〔問題1〕直線 l 的數學式可寫成 $y = ax + b$（a、b 為常數）。設此直線 l 通過原點（0，0）與點（1，1）。試求 a、b 的值，以決定直線。

〔解〕在這個問題中，x、y 為用來代入資料的變數。資料包括原點（0，0）與點（1，1）。

通過點（0，0）：$(x, y) = (0, 0)$
通過點（1，1）：$(x, y) = (1, 1)$

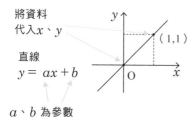

將資料代入 x、y

直線 $y = ax + b$

a、b 為參數

設直線 $y = ax + b$（a、b 為常數），此時 x、y 與 a、b 的意義有很大的差異。

相對的，a、b 則是決定「直線」這個模型的變數。a、b 這種決定直線的變數，就稱為「參數」。

而這個問題的答案為 $a=1$、$b=0$，直線為 $y=x$。 （解答結束）

在決定模型時參數變成變數

將資料代入模型的時候，參數屬於「常數」。不過在決定模型時，有時參數會是「變數」。我們可以由以下的〔問題2〕來確認為什麼會有這樣的改變。〔問題2〕的模型為「二次函數」，x 為「用來代入資料的變數」，θ 則扮演著「參數」的角色。

〔問題2〕設一 x 的二次函數為 $y=2x^2-4\theta x+4\theta$（θ 為常數）。
　　　　　試回答以下問題。
（1）試以 θ 的式子表示這個二次函數的最小值 m。
（2）當 θ 值為多少時，函數最小值 m 為最大？

（解）（1） $y=2x^2-4\theta x+4\theta=2(x-\theta)^2-2\theta^2+4\theta$
故當 $x=\theta$ 時，二次函數的最小值 $m=-2\theta^2+4\theta$
（2）由（1）可以得到 $m=-2\theta^2+4\theta=-2(\theta-1)^2+2$
故當 $\theta=1$ 時，m 為最大值。

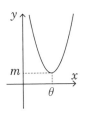

解（1）的意義

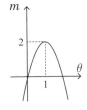

解（2）的意義

（解）在圖形上的意義。

（解答結束）

　　事實上，決定神經網路模型的步驟，就和〔問題2〕的求解過程類似。〔問題〕的 x 就相當於「圖像」，〔問題〕的 θ 就相當於「權重」與「閾值」。

　　描述神經網路時，會用到許多變數。區分出哪些是「用來代入資料的變數」，哪些是用來決定神經網路模型的「參數」是相當重要的。

3

理論與實際的誤差

～用以表示理論值與實際值之誤差的指標中，「誤差平方和」是標準指標

在 AI 理論以及更為一般化的資料分析理論中，理論值常與實際值有誤差。這種誤差愈小，就表示理論愈正確。本節要介紹的就是如何評估誤差的大小。

誤差的評估

假設我們用某個理論來預測資料，而預測出來的三個理論值分別為 3.2、3.9、5.1。另一方面，作為資料的實際值則依序為 3、4、5。此時，該如何定義理論值與實際值的誤差呢？

通常，我們會先計算實際值與理論值的差。

（差）$3-3.2$、$4-3.9$、$5-5.1$，即 -0.2、0.1、-0.1

不過就算我們計算出這三個數值，還是很難評估這樣的誤差算大還是小。這時候，我們可以先把它們全部合而為一。

合而為一的方式有很多種，其中最具代表性的是計算平方和。

$$(3-3.2)^2+(4-3.9)^2+(5-5.1)^2 = (-0.2)^2+0.1^2+(-0.1)^2 = 0.06$$

如本例所示，當理論值與實際值有很多組時，將各組的差平方後加總的數值，叫做誤差平方和。在許多資料分析的理論中，會將誤差平方和作為評估誤差大小的標準。

誤差平方和的以下特性，使其在應用時相當方便。

· 容易解釋
· 容易計算

本書會用這個誤差平方和來評估理論值與實際資料間的誤差。

讓我們藉由下面的〔問題〕來確認誤差平方和的意義吧。

〔問題〕三人的數學與理科成績如右表所示。假設我們可以用數學分數 x 來解釋理科分數 y，如下式所示。

$$y = px + q \quad (p \cdot q \text{ 為常數}) \cdots (1)$$

試計算出能使理論值與實際值的誤差平方和為最小的常數 p、q。

編號	數學 x	理科 y
1	3	2
2	5	3
3	4	3

〔解〕假設第 k 名學生的數學與理科成績為 x_k、y_k（$k = 1, 2, 3$）。由式（1）可得知，用數學成績解釋理科成績時，理科成績的理論值應為 $px_k + q$。接著再用實際的理科成績 y_k 減去理論值 $px_k + q$，可得到差如下所示。

$$y_k - (px_k + q) \quad \cdots (2)$$

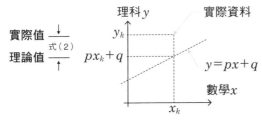

式子（1）、（2）的意思。
圖中顯示出了第 k 個學生的 x_k、y_k、$px_k + q$ 間的關係。

代入資料後，差（2）如下表所示。

編號	數學 x	理科 y	理論值	差
1	3	2	$3p + q$	$2 - (3p + q)$
2	5	3	$5p + q$	$3 - (5p + q)$
3	4	3	$4p + q$	$3 - (4p + q)$

由這張表可以求出誤差平方和。我們將之標示為 E。

$$E = \{2 - (3p + q)\}^2 + \{3 - (5p + q)\}^2 + \{3 - (4p + q)\}^2 \cdots (3)$$

展開整理後可變形如下。

$$E = \frac{1}{50} \left\{ (50p + 12q - 33)^2 + 6\left(q - \frac{2}{3}\right)^2 + \frac{25}{3} \right\}$$

p、q 符合以下條件時，E 為最小值。

$$50p + 12q - 33 = 0 \cdot q - \frac{2}{3} = 0$$

解方程式可得 $p = \frac{1}{2}$、$q = \frac{2}{3}$ （解答結束）

將這個問題的解畫成圖後如下所示。

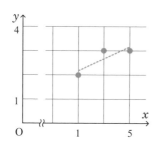

代表方程式（1）的直線。

我們無法使直線方程式（1）同時通過代表資料的三個點。雖然沒辦法同時通過這三個點，我們卻可選擇特定的 p、q，設法使直線與三個點之間的差距降至最低。那就是計算能使誤差平方和（3）為最小的 p、q。

讓我們試著思考其在數學上的意義吧。本題中有三筆資料，相對的，直線模型的式子（1）的參數卻有 p、q 兩個。一般來說，我們沒辦法用兩個參數來描述三筆資料。所以我們會透過調整式子（1）的 p、q，使誤差平方和（3）降至最低，這就是〔問題〕的解答。

順帶一提，這種用直線模型近似資料分布的分析方式，就叫做回歸分析。

所謂的最佳化，指的是誤差的最小化

在〔問題〕中，我們透過調整「直線」數學模型中的 p、q，使誤差平方和（3）最小化，以決定模型。而在資料分析的領域中，會將這裡的誤差平方和稱為目標函數（objective function）。而使目標函數最小化，決定模型參數的過程，則稱為最佳化（optimization）。

這個差距
就是目標函數

資料擁有的
資訊量

模型可說明的
資訊量

使目標函數最小，找到最
適合的模型參數，稱為最
佳化。

之後我們會提到，神經網路的「學習」，也是數學上的最佳化。

神經網路的參數包括「權重」與「閾值」。由權重與閾值計算出來的神經網路理論值，與訓練資料的正解標籤（實際值）的誤差平方和，就是神經網路的目標函數。我們可透過最小化這個目標函數，決定如何建構神經網路。

memo 用微分計算出 p、q

碰到〔問題〕這樣的問題時，我們通常會用微分法來決定 p、q。當我們想讓誤差平方和 E 降至最低時，可以先由式子（3）導出以下的關係。

$$\frac{\partial E}{\partial p} = -6\{2-(3p+q)\} - 10\{3-(5p+q)\} - 8\{3-(4p+q)\} = 0$$

$$\frac{\partial E}{\partial q} = -2\{2-(3p+q)\} - 2\{3-(5p+q)\} - \{3-(4p+q)\} = 0$$

解開這個聯立方程式，就可以得到〔問題〕的解答。

另外，上式會用到高中沒學過的偏微分。若有不明白的部分可以參考附錄 G。

memo 多變數函數

　　高中數學中，原則上一個函數只有一個自變數，屬於單變數函數。
（例1）一次函數 $y = ax + b$（a、b 為常數，$a \neq 0$）中，x 為自變數，y 為應變數，是一個單變數函數。

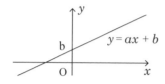

> 一次函數 $y = ax + b$ 的圖形。為一條直線。

　　相對於此，有多個自變數的函數就叫做多變數函數。

（例2）$y = ax_1 + bx_2 + c$（a、b、c 為常數，$a \neq 0$、$b \neq 0$）中，x_1、x_2 為自變數，y 為應變數，是一個雙變數函數。
　　深度學習中會用到的函數大多為多變數函數。
　　高中數學中不會提到多變數函數。所以相關內容可能會讓各位覺得有些困難，不過不用擔心。深度學習中會出現的函數幾乎都是很簡單的函數。
　　舉例來說，下一章中會提到，我們會用 Sigmoid 函數 σ 模擬腦神經細胞的輸出，令 x_1、x_2、x_3 為變數，建構以下模型。
$$z = \sigma(w_1x_1 + w_2x_2 + w_3x_3 - \theta)（w_1、w_2、w_3、\theta 為常數）$$
　　這條數學式乍看之下是個有些複雜的多變數函數，不過經過以下轉換，便可將其想成單變數函數。
$$z = \sigma(s)　　　（其中，s = w_1x_1 + w_2x_2 + w_3x_3 - \theta）$$

第4章

了解
神經網路的機制

第2章中，我們透過簡單易懂的示意圖，
說明了神經網路的運作機制。
在本章中，我們將改用數學式的表現方式
說明這種機制，
這樣可以讓我們看出更多神經網路的內涵。

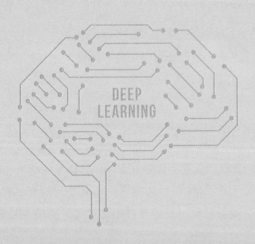

第1章
活躍中的深度學習

第2章
用圖說明深度學習的機制

第3章
說明深度學習之前的準備

第4章
了解神經網路的機制

以數學式
表示神經元的運作方式

～用數學模型表現神經元

在第2章§1中，我們談到了腦神經細胞（神經元）的運作方式。接著讓我們用抽象化的數學式來表現這種神經元的運作吧。重點在於「我們可以用簡單的數學式來表示神經元的運作」。

神經元運作機制重點

在前面的章節中，我們簡單介紹了腦神經細胞（也就是神經元）的運作機制，可整理如下（第2章§1）。

（ⅰ）神經元傳送給下一個神經元的訊號可用單向箭頭表示。

（ⅱ）神經元接收來自多個神經元的訊號時，會以加權總和的形式接收。

（ⅲ）當加權總和大於神經元的某個特定數值（閾值）時，就會被「觸發」，將訊號傳送給其他神經元。要是沒有超過閾值，就會無視來自其他神經元的訊號。

（ⅳ）被觸發時產生的訊號為一定大小，不隨神經元的不同而改變。

像這樣整理之後，我們便可以用簡單的數學來描述神經元被觸發的機制。

以數學式表示輸入與輸出訊號

一開始，先讓我們試著用數學式來表示神經元的輸入過程吧。

由機制（ⅲ）、（ⅳ）可以知道，來自其他神經元的輸入可以分成「有」或「無」兩種數值。假設某個相鄰神經元的輸入為變數 x，被觸

發時產生的訊號大小為1，則可用以下數學式來表示這個相鄰神經元的輸入。

$$\begin{cases} \text{無輸入：} x = 0 \\ \text{有輸入：} x = 1 \end{cases}$$

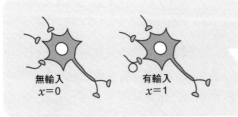

神經元的輸入能以數位方式表示成$x = 0$、1。其中，我們假設被觸發後發送的訊號單位為1。

無輸入
$x = 0$

有輸入
$x = 1$

（註）由感覺細胞（譬如視細胞）傳送給神經元的訊號則不一定如此。感覺細胞會依照感覺的強弱，傳送大小不等的類比訊號給神經元。

接著讓我們試著用數學式來表示神經元的輸出吧。

由機制（iii）、（iv）可以知道，輸出同樣可以分成「有」或「無」兩種數值。假設神經元的輸出為變數y，受觸發時產生的訊號大小以1為單位，則y可用以下的數學式表示。

$$\begin{cases} \text{無輸出：} y = 0 \\ \text{有輸出：} y = 1 \end{cases}$$

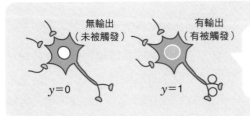

無輸出
（未被觸發）

有輸出
（有被觸發）

$y = 0$

$y = 1$

神經元的輸出能以數位方式表示成$y = 0$、1。圖中神經元的輸出有兩個，不過兩者輸出大小相同。

以條件式表示神經元的運作

再來要介紹的是如何用條件式表示神經元的主要功能「判斷是否被觸發」。

讓我們舉個具體的例子，假設某神經元從來自左邊的三個神經元接

收訊號，再將訊號傳送給右邊的兩個神經元（下圖）。

輸入 x_1

輸入 x_2

輸入 x_3

輸出 y

以實際神經元的形狀表
示。假設三個輸入分別
是 x_1、x_2、x_3，兩個相
同的輸出為 y。

　　由機制（ii）、（iii）可以知道，神經元是否會被觸發，取決於來自
其他神經元之輸入的總和。計算總和時，各訊號受重視的程度各不相同
（權重）。若以數學的方式表示，令輸入訊號分別為 x_1、x_2、x_3，附加
的權重分別為 w_1、w_2、w_3，則輸入的總和可以計算如下，我們把它稱
為加權總和。

　　加權總和 $= w_1 x_1 + w_2 x_2 + w_3 x_3$ … （1）

（註）「權重」的 w 源自 weight 的首字母。

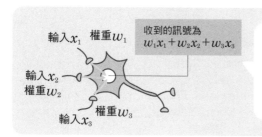

輸入 x_1　權重 w_1

輸入 x_2
權重 w_2

輸入 x_3
權重 w_3

收到的訊號為
$w_1 x_1 + w_2 x_2 + w_3 x_3$

將來自其他神經元的輸
入訊號 x_1、x_2、x_3 分別乘
上該神經元的權重 w_1、
w_2、w_3，便可得到輸入
的加權總和。即（1）。

　　接著，由機制（iii）可以知道，若接收到的訊號加權總和大於閾值
時，神經元就會被觸發；若小於閾值，則不會被觸發。所以「判斷是否
被觸發」時，可以利用式子（1）寫成以下的數學式。θ 為該神經元的閾
值。

$$\left.\begin{array}{l} 未被觸發（y=0）：w_1 x_1 + w_2 x_2 + w_3 x_3 < \theta \\ 有被觸發（y=1）：w_1 x_1 + w_2 x_2 + w_3 x_3 \geq \theta \end{array}\right\} \cdots（2）$$

（註）「閾」的英文為 threshold。一般常用這個字的首字母 t 對應的希臘字母 θ 來表示
　　閾值。

這個式子（2）就是神經元被觸發的條件式。

式子（2）相當簡單。能以如此簡單的條件式表示其運作機制的神經元，居然會擁有「智慧」，這實在相當不可思議。不過要解釋這一點，還需要一些預備知識。

讓我們用接下來的〔例題〕來確認神經元的機制（2）吧。

〔例題〕試想一個有兩個輸入 x_1、x_2 的神經元。設輸入 x_1、x_2 的權重分別是 w_1、w_2，且該神經元的閾值為 θ。

假設 w_1、w_2、θ 的數值依序為2、3、4，試求加權總和 $w_1x_1 + w_2x_2$ 的值、神經元是否被觸發，以及輸出的大小。

（解）答案可製表如下。

輸入 x_1	輸入 x_2	加權總和 $w_1x_1 + w_2x_2$	是否被觸發	輸出
0	0	$2 \times 0 + 3 \times 0 = 0$（$< 4$）	未被觸發	0
0	1	$2 \times 0 + 3 \times 1 = 3$（$< 4$）	未被觸發	0
1	0	$2 \times 1 + 3 \times 0 = 2$（$< 4$）	未被觸發	0
1	1	$2 \times 1 + 3 \times 1 = 5$（$> 4$）	有被觸發	1

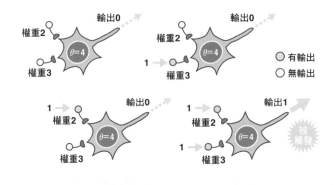

2 unit與激勵函數

〜人工神經元，即「unit」為深度學習的基礎

在前一節（§1）中，我們用條件式來表示神經元（神經細胞）的運作。若以函數來表示條件式，便可說明神經元的機制。接下來將進一步談到Sigmoid神經元。

用數學式表示神經元的運作機制

在前一節（§1）的式子（2）中，我們用簡單的條件式來表示神經元被「觸發」的條件（再次列於下方）。令神經元的輸入為 x_1、x_2、x_3，相對應的權重分別為 w_1、w_2、w_3，那麼被觸發的條件式如下。

$$\left.\begin{array}{l} \text{未被觸發}（y=0）：w_1x_1+w_2x_2+w_3x_3<\theta \\ \text{有被觸發}（y=1）：w_1x_1+w_2x_2+w_3x_3\geqq\theta \end{array}\right\} \cdots（1）$$

這裡的 y 是神經元的輸出，θ 是神經元的閾值。

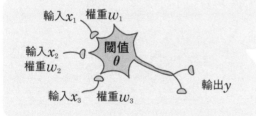

加權總和
$w_1x_1+w_2x_2+w_3x_3$
與 θ 的大小關係，可決定神經元是否被觸發。

以函數來表示被觸發的條件

接著讓我們試著以函數來表示神經元被觸發的條件式（1）。
這裡要先介紹所謂的單位階梯函數。

$$u(t) = \begin{cases} 0 \ (t<0) \\ 1 \ (t\geq0) \end{cases} \cdots (2)$$

單位階梯函數（2）的圖形如下所示。

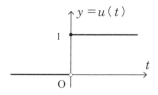

單位階梯函數
$y = u(t)$ 的圖形。

另一方面，被觸發的條件式（1）可改寫成以下的形式。

$$\left.\begin{matrix} \text{未被觸發}\ (y=0)：s = w_1x_1 + w_2x_2 + w_3x_3 - \theta < 0 \\ \text{有被觸發}\ (y=1)：s = w_1x_1 + w_2x_2 + w_3x_3 - \theta \geq 0 \end{matrix}\right\} \cdots (3)$$

將上方的算式轉化為圖後，如下所示。

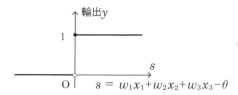

條件式（3）的圖示。與
上方的單位階梯函數圖
形一致。

很明顯的，上圖與單位階梯函數的圖形一致。也就是說，我們可以用單位階梯函數 $u(t)$，將被觸發的條件（1）改寫成下方這個簡單的式子。這樣我們便成功地**用函數來表示被觸發的條件式**了。

$s = w_1x_1 + w_2x_2 + w_3x_3 - \theta$ 時，被觸發的式子為 $y = u(s) \cdots (4)$

人工神經元

神經元的運作如式子（4）所示，可以用一個簡單的函數式來表示。這麼一來，我們就可以在電腦上實現這種簡化的神經元了，這就是形式神經元。換言之，所謂的形式神經元，就是指用式子（4）在電腦上運作的假想神經元。

將神經元抽象化的 unit

之前我們都用下面這種圖來表示神經元，這是為了更接近神經元的實際形象。

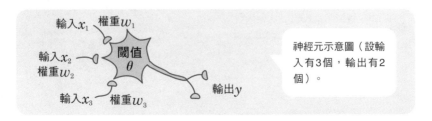

神經元示意圖（設輸入有3個，輸出有2個）。

不過，如果要畫出大量神經元的話，這樣的圖就不大適合了，因為這種神經元輪廓歪七扭八，看起來很辛苦。所以之後我們會改用「○」來簡化圖中的神經元。

將上圖的神經元圖簡化後的示意圖。可由箭頭方向看出是輸入還是輸出。

中央的○表示神經元的本體。朝向○的箭頭表示輸入至神經元，而箭頭附近的數值則表示「權重」。另外，從○延伸出去的箭頭表示輸出。閾值則寫在本體○的旁邊。

接著，我們也把表示神經元運作機制的式子（4）一般化。

$$s = w_1x_1 + w_2x_2 + w_3x_3 - \theta \text{時，被觸發式為} y = a(s) \quad \cdots (5)$$

這裡的函數 a 稱為激勵函數（activation function），是單位階梯函數一般化後的形式。本書之後的內容中，激勵函數皆預設為 Sigmoid 函數（於次節中說明）。

（註）激勵函數也叫做轉移函數（transfer function）。

式子（4）中使用的單位階梯函數（2）為不連續函數，操作上較麻煩是其一大缺點。故我們將單位階梯函數（2）一般化成「激勵函數」，

用可微分函數代替。

在之後的內容中，我們會將式子（5）中的 s（激勵函數 a（s）的引數）稱為神經元的**輸入線性總和**。

（註）「輸入線性總和」之所以用 s 來表示，是因為「和」的英文是 sum。

順帶一提，式子（5）去掉閾值 θ 的和，稱為「加權總和」（§1）。

我們之後會將式子（5）所表示的抽象化神經元稱為 **unit**（單元），因為它是神經網路的基本單位。

（註）unit 有時候也叫做**節點**，因為它相當於神經網路的節（node）。

以上說明了如何將代表神經元運作機制的激勵函數一般化，這可以說是目前人工智慧熱潮的起點。

---

memo 感知器（Perceptron）

在二十世紀中葉，已經有人試著用式子（4）這種抽象化的人工神經元來實現某種人工智慧（AI）。這就是名為**感知器**的人工智慧模型。

就結論而言，這個嘗試並沒有成功。其中一個很重要的原因是，感知器使用的是階梯函數（2）這種難以操作的函數。如同各位在圖中看到的，這是一種不連續函數。既然是不連續函數，就沒辦法用數學領域中的強力武器「微分」來處理這種函數。

當我們將階梯函數換成容易微分的激勵函數後，用電腦運算人工神經元的工作就變得簡單許多。

此外，神經網路的多層化，也克服了「單純的感知器僅能用來表示簡單的邏輯」的缺陷。就這樣，深度學習終於有了飛躍性的成長。

（註）本書會避免談到更多與感知器有關的說明。雖然感知器在人工智慧的歷史上有著重大意義，但是在理解現代的深度學習系統時，並不需要這些知識。

3 Sigmoid 神經元

～使用 Sigmoid 函數作為激勵函數的神經元
稱為 Sigmoid 神經元

本節將介紹神經網路的基本單位「Sigmoid 神經元」。也就是在前節（§2）式子（5）中，以 Sigmoid 函數 σ 代入激勵函數 a 的 unit。

Sigmoid 函數

使用單位階梯函數（§2式子（2））的人工神經元，其優點在於它是「忠實呈現腦神經細胞的模型」。但單位階梯函數不平滑是它的一大缺點，我們無法用人類發明的強大數學武器「微分」來處理這個函數。

於是，人們便用另一種與階梯函數相似，卻十分平滑的函數代替。那就是 Sigmoid 函數，其定義如下（第3章 §1）。

$$\sigma(x) = \frac{1}{1 + e^{-x}} \cdots (1)$$

函數（1）的圖形如下所示。

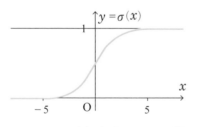

Sigmoid函數的圖形。長得和階梯函數很像，卻相當平滑，在數學操作上方便許多。

Sigmoid函數處處平滑，這樣一來我們便可以用微分法分析。而且就像圖中所看到的，Sigmoid函數與階梯函數十分相似，所以unit的行為也會和實際的神經細胞（神經元）十分相似。

Sigmoid 神經元

　　以Sigmoid函數（1）作為激勵函數的unit稱為 Sigmoid 神經元。Sigmoid神經元是本書的核心unit。之後若沒有特別解釋的話，只要說到「unit」，指的就是Sigmoid神經元。以下就讓我們來看看這種神經元的運作機制吧。

　　設輸入為 x_1、x_2、$\cdots$、x_n（n 為自然數），各輸入的權重分別為 w_1、w_2、$\cdots$、w_n，當閾值為 θ 時，Sigmoid神經元的輸出 y 為：

$$y = \sigma(s) \quad \cdots (2)$$

　　這裡的 σ 是Sigmoid函數，s 稱為「輸入線性總和」，其定義如下。

$$s = w_1 x_1 + w_2 x_2 + \cdots + w_n x_n - \theta \quad \cdots (3)$$

Sigmoid 神經元的輸出介於 0 與 1 之間

　　如同我們在Sigmoid函數（1）的圖形中看到的，Sigmoid神經元的輸出為介於0與1之間的任意數。這和之前提到的神經元被觸發式（§2式子（4））有很大的不同。

　　大腦的神經元輸出只有「未被觸發／有被觸發」（也就是只有0、1兩種數值）。相對於此，Sigmoid函數的輸出則可能是0與1之間的任意數，和腦內神經元被「觸發」的機制有些不同。因此，我們很難為Sigmoid神經元的輸出賦予生物學上的解釋。Sigmoid神經元的輸出與現實的神經元（神經細胞）有很大的不同。

　　不過，之後我們談到神經網路的輸出時，會希望能對unit的輸出做出某些解釋。如果硬要用生物學上的性質來說明的話，unit的輸出可以視為神經元的「反應程度」，講得更直白一點，就是「興奮程度」。輸出接近0時，表示反應（興奮程度）比較弱；輸出接近1時，表示反應

（興奮程度）比較強。

（註）第2章的神經元機器人也有提到類似的概念。

> Sigmoid神經元的輸出，可以解釋成生物神經元的「反應程度」、「興奮程度」。

　　另外，介於0與1之間的輸出，在數學上可以解釋成「機率」、「比例」、「程度」。這種解釋可以幫助我們評估神經網路的輸出結果。

〔問題〕右圖為 Sigmoid 神經元。如圖所示，輸入 x_1 的權重 w_1 為2，輸入 x_2 的權重 w_2 為3，令閾值為1。此時，輸入值如下表所示，試求輸入線性總和 s，以及輸出 y。

輸入 x_1	輸入 x_2	輸入線性總和 s	輸出 y
0.2	0.1		
0.6	0.5		

（解）答案如下表（設（1）的 $e = 2.7$ 進行計算）。

輸入 x_1	輸入 x_2	輸入線性總和 s	輸出 y
0.2	0.1	$2×0.2+3×0.1-1=-0.3$	0.43
0.6	0.5	$2×0.6+3×0.5-1=1.7$	0.85

（解答結束）

memo 閾值與偏誤值

請再看一次「輸入線性總和」的式子（3）。

$$s = w_1 x_1 + w_2 x_2 + \cdots + w_n x_n - \theta \cdots (3)（再次列出）$$

這裡的 θ 稱為「閾值」，可以表現出神經元的生物特性。直觀來說，θ 愈大，愈難活化（也就是愈遲鈍）；θ 愈小，愈容易活化（也就是愈敏感），故 θ 可用來表示敏感度。

不過，式子（3）中只有 θ 前面是減號，看起來不是很漂亮，數學上不喜歡這種不夠漂亮的式子。而且計算過程中有減號容易引發計算錯誤，所以就用 b 取代了 $-\theta$。

$$s = w_1 x_1 + w_2 x_2 + \cdots + w_n x_n + b \cdots (4)$$

這麼一來，式子變得更美，也不容易出現計算錯誤了。這時的 b 就叫做偏誤值（bias）。

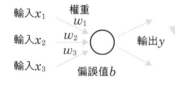

假設有三個輸入，分別為 x_1、x_2、x_3，權重分別為 w_1、w_2、w_3，偏誤值為 b，那麼輸入線性總和 s 的式子如下：
$$s = w_1 x_1 + w_2 x_2 + w_3 x_3 + b$$

真正的生物中，w_1、w_2、$\cdots$、w_n、閾值 θ（$= -b$）不會是負數，畢竟自然界中不存在負數。不過這裡的神經元是一般化後的 unit，出現負數是很常見的事。這時候，統一變數符號的式子（4）在操作上會容易許多。

4 神經網路的實例

～用具體實例說明神經網路的運作機制會比較好理解

前面我們用數學式說明了單一unit的運作方式。本節將用具體實例說明由unit組成的神經網路。

用具體實例思考

　　談到深度學習時，如果用一般的方式說明會變得相當複雜。所以這裡就讓我們直接用一個具體實例來說明深度學習的運作方式吧。

　　我們以〔課題 I〕為例來進行說明。

> 〔課題 I〕假設我們要製作一個可讀取5×4像素之黑白二元圖像，並且可識別手寫英文字母「A」、「P」、「L」、「E」的神經網路。使用附有正解標籤的128張字母圖像作為訓練資料，並使用Sigmoid函數作為激勵函數。

(註) 選用A、P、L、E是因為APPLE（蘋果）這個字。這四個字母的形狀差異很大，用簡單的神經網路就可以識別出來了。訓練資料列於附錄A。

　　本例中會用到許多5×4像素的手寫英文字母「A」、「P」、「L」、「E」圖像，且為黑白二元圖像，下方舉四個例子。

手寫的A

手寫的P

手寫的L

手寫的E

設圖中的底色部分與1對應，空白部分與0對應。

解這個課題時使用的神經網路結構如下。

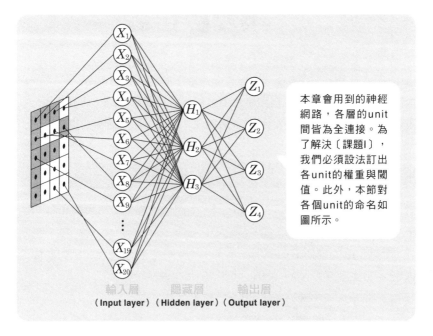

本章會用到的神經網路，各層的unit間皆為全連接。為了解決〔課題I〕，我們必須設法訂出各unit的權重與閾值。此外，本節對各個unit的命名如圖所示。

輸入層　　　隱藏層　　　輸出層
（Input layer）（Hidden layer）（Output layer）

如圖所示，深度學習所使用的神經網路基本上由三種「層」構成，分別是「輸入層、隱藏層、輸出層」。

當然，並非一定要用這種架構的神經網路才能解決這個課題。因為資料相當單純，待識別的字母也只有四種，為了讓各位了解到「這麼簡單的神經網路也可以識別出這四種字母」，所以才架構出這樣的神經網路。

不過，不管神經網路的複雜程度如何，基本的運作概念都和這個單純的神經網路一樣。以下就讓我們來看看各層的運作方式吧。

另外，雖然我們在第二章中有談到神經網路的基礎，不過這裡會用數學式再解說一次。

5 神經網路各層的運作方式與變數符號

～理解神經網路的第一步是理解變數

我們在前一節（§4）中提到，我們可以用神經網路來解〔課題 I〕。本節要介紹的就是這個神經網路中各層的運作方式，以及使用的變數。

複習變數名稱

在開始說明神經網路的unit之前，先讓我們複習一下單體unit的運作。

單體unit的運作方式整理如下（§1、§3）。也就是說，相對於輸入 x_i（$i = 1, 2, 3, \cdots, n$），輸出 y 可用以下的方式描述。

---

x_i … 第 i 個輸入（$i = 1, 2, 3, \cdots, n$）

w_i … 第 i 個輸入乘上的權重

θ … 閾值

y … 輸出

s … 輸入線性總和（$= w_1 x_1 + w_2 x_2 + \cdots + w_n x_n - \theta$）… （1）

$y = a(s)$ … a 為激勵函數 … （2）

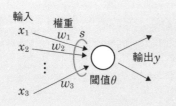

輸入　權重
x_1　w_1　s
x_2　w_2
$\vdots$
x_3　w_3　閾值 θ
輸出 y

> 單體unit的慣用符號。激勵函數 a 使用的是Sigmoid函數。

（註）為了表現出「輸入線性總和」s 是「集成一束」的概念，圖中畫了一個「C」套住所有輸入箭頭。

如各位所見，光是一個unit就會用到許多符號來表示它的變數。更不用說一層層的神經網路，擁有的變數量更加龐大。因此，理解變數符號的意義，就是學習神經網路的第一步。

接著，就讓我們來看看在§4提到的〔課題Ⅰ〕神經網路中，每一層的變數有什麼意義，又該如何表記吧。

輸入層的unit名稱與運作機制

輸入層（Input layer）會將像素資訊原原本本地傳送到隱藏層。就這一點而言，輸入層的unit與典型的unit不同，功能相當單純，只是將輸入訊號保持原樣直接輸出而已。因此，輸入層的樣子取決於資料的型態與大小，無法任意改變。

本書將輸入層的unit命名為大寫的 X，附加下標後為 X_i（$i = 1, 2, 3, \cdots, 20$），表示由上而下的每個輸入層unit。在字母圖像中，會將像素由左而右、由上而下編號。X_i 神經元會對應到編號為 i 的像素。

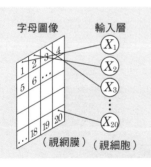

字母圖像由 $5 \times 4 = 20$ 個像素組成。以人眼比喻，輸入層就像是「視細胞」的集合，會將接收到的資訊保持原樣直接傳送給大腦的神經元（也就是隱藏層）。

我們會用小寫的 x_i 來表示unit X_i 的輸出（輸入與輸出的訊號相同，故 x_i 也可表示輸入訊號）。

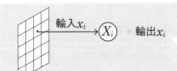

輸入與輸出的變數名稱與該unit名稱相同，但改用小寫字母表示。

（例）輸入右圖的字母圖像時，輸入層中各個unit的

輸入與輸出值如下所示。

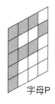

字母P

$x_1 = x_2 = x_3 = 1$、$x_4 = 0$、$x_5 = 1$、$x_6 = x_7 = 0$、$x_8 = x_9 = x_{10}$
$= x_{11} = 1$、$x_{12} = 0$、$x_{13} = 1$、$x_{14} = x_{15} = x_{16} = 0$、$x_{17} = 1$、$x_{18}$
$= x_{19} = x_{20} = 0$

隱藏層的unit名稱與關係式

本書將隱藏層（Hidden layer）中的unit命名為 H，附加下標後為 H_j（$j = 1, 2, 3$），表示由上而下的每個隱藏層unit。

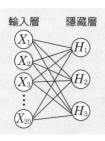

輸入層　　隱藏層

> 隱藏層是深度學習中最重要的一層。隱藏層內要有多少個unit個數，需透過多次嘗試得知。

一般來說，隱藏層是深度學習中相當重要的部分。如同後面會提到的，識別圖像時的特徵抽取就是由隱藏層負責，是相當重要的一層。

第2章中的操作，是在假設「特徵抽取」的步驟已完成的前提下進行。但實際上，隱藏層的unit H_j 需經過後面我們會提到的「學習」步驟（§7），才能夠抽取圖像的特徵。

接著要介紹的是與隱藏層unit有關的各變數名稱。

變數名稱	意思
w_{ji}^H	從輸入層第 i 個unit X_i 指向 隱藏層第 j 個unit H_j 的箭頭權重。
θ_j^H	隱藏層第 j 個unit H_j 的閾值。
s_j^H	隱藏層第 j 個unit H_j 的輸入線性總和。
h_j	隱藏層第 j 個unit H_j 的輸出值。

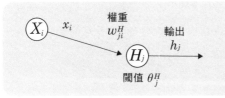

和隱藏層unit H_j 有關的變數。

接著讓我們透過以下的〔例題〕，確認這些變數的關係。

〔例題1〕試以圖表示隱藏層unit H_1 的輸入、輸出、權重、閾值彼此間的關係。

（解）如下圖所示。

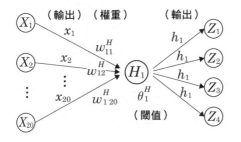

隱藏層unit H_1 之各變數間的關係。

另外，隱藏層的輸出值可由以下數學式計算出來，與本節開頭提到的單體unit的式子（1）、（2）結構相同。

〔與隱藏層unit有關的「輸入線性總和」s_j^H 與輸出 h_j 〕

$$
\left.
\begin{aligned}
s_j^H &= w_{j1}^H x_1 + w_{j2}^H x_2 + w_{j3}^H x_3 + \cdots + w_{j20}^H x_{20} - \theta_j^H \\
h_j &= a(s_j^H) \quad (a\text{為激勵函數，本書中為 Sigmoid 函數})
\end{aligned}
\right\} \cdots (3)
$$

各變數的位置關係如下圖所示。

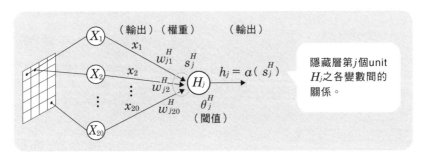

隱藏層第 j 個unit H_j 之各變數間的關係。

「輸入線性總和」有著「訊號加權後集成一束的值」這樣的意思。因此如同先前的例子般，這裡的圖也用「C」套住所有箭頭，表現出「輸入線性總和集成一束」的概念。

〔例題2〕試以圖表示隱藏層 unit H_1 的「輸入線性總和」s_1^H 與其他變數間的關係，並寫出輸入線性總和 s_1^H 與輸出 h_1 的計算方式。

（解）如右圖所示。由這張圖可看出以下關係。

$$s_1^H = w_{11}^H x_1 + w_{12}^H x_2 + \cdots + w_{1\,20}^H x_{20} - \theta_1^H$$
$$h_1 = a(s_1^H) \quad (a\ \text{為激勵函數})$$

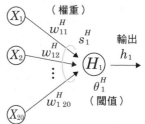

輸出層的 unit 名稱與關係式

輸出層（Output layer）的 unit Z_k 的下標 k，代表該 unit 是從上方算起的第 k 個 unit（$k = 1, 2, 3, 4$）。

輸出層是顯示神經網路處理結果的層。因此，在給定標籤資料的情況下，unit 數與功用會自動確定下來。由於〔課題 I〕的題目要我們識別 A、P、L、E 等四個圖像，所以 unit Z_k 的配置如下圖所示。

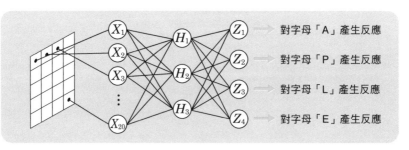

如這張圖所示，輸出層的第一個 unit Z_1，會在手寫字母圖像「A」輸入神經網路時產生反應，輸入其他圖像時則會無視。第二個 unit Z_2，會在手寫字母圖像「P」輸入時產生反應，輸入其他圖像時則會無視。第三、第四個 unit Z_3、Z_4 也一樣。

我們將在下一節中介紹如何用數值來表示圖中的「反應」大小。

接著要說明的是與輸出層 unit 有關的各變數名稱。

變數名稱	意思
w_{kj}^{O}	從隱藏層第 j 個 unit H_j 指向 輸出層第 k 個 unit Z_k 的箭頭權重。
θ_k^{O}	輸出層第 k 個 unit Z_k 的閾值。
s_k^{O}	輸出層第 k 個 unit Z_k 的輸入線性總和。
z_k	輸出層第 k 個 unit Z_k 的輸出值。

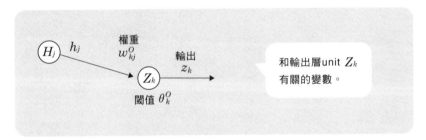

輸出層的輸出值可由以下的數學式計算出來，與本節開頭提到的單體 unit 的式子（1）、（2）結構相同。

〔與輸出層 unit 有關的「輸入線性總和」s_k^{O} 與輸出 z_k〕

$$s_k^{O} = w_{k1}^{O} h_1 + w_{k2}^{O} h_2 + w_{k3}^{O} h_3 - \theta_k^{O}$$
$$z_k = a(s_k^{O})（a 為激勵函數，本書中為 Sigmoid 函數）$$
$$\left. \right\} \cdots (4)$$

各變數的位置關係如下一頁圖所示。

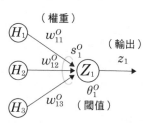

輸出層第 k 個 unit Z_k 之各變數間的關係。

接著讓我們透過以下的〔例題〕，確認這些變數的關係。

〔例題3〕試以圖表示輸出層 unit Z_1 的「輸入線性總和」s_1^O 與其他變數間的關係，並寫出輸出 z_1 的計算方式。

（解）如右圖所示。由這張圖可看出以下關係。

$$s_1^O = w_{11}^O h_1 + w_{12}^O h_2 + w_{13}^O h_3 - \theta_1^O$$
$$z_1 = a(s_1^O) \quad (a \text{ 為激勵函數})$$

變數的位置關係整理

如同本節一開始提到的，描述一個神經網路時，就得用到大量的變數，且每個變數都有不同的名稱。

本節一口氣介紹完了所有變數，請各位再用這些示意圖確認一遍輸入層、隱藏層、輸出層中與 unit 有關的變數名稱，並請特別留意 i、j、k 的排列順序。

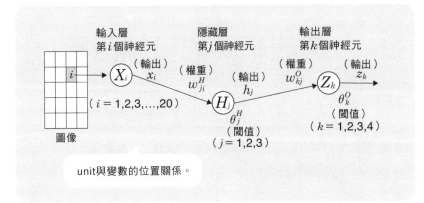

順帶一提,這張圖中含有 x、h、z 的變數會因為不同筆資料而跟著改變。相對的,**含有 w、θ 的變數(權重與閾值)則不會因為資料的不同而改變**。後者又叫做這個神經網路的「 參數 」,我們在第3章中已經提過這個概念。

6 神經網路的目標函數

～所謂「學習」，是將代表誤差總和的目標函數最小化

到這裡，我們已做好準備可以開始建構神經網路了。接著讓我們用 §4 的〔課題Ⅰ〕介紹建構的原理。

神經網路的輸出值的意義

在〔課題Ⅰ〕的神經網路中，輸出層有四個unit，分別是 Z_1、Z_2、Z_3、Z_4。如同我們先前說過的（§5），每個unit都有對應的字母，會在輸入該字母時產生反應。Z_1 對應的是字母「A」、Z_2 是字母「P」、Z_3 是字母「L」、Z_4 是字母「E」。

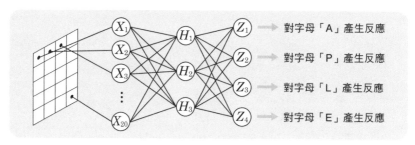

要留意的是，這裡我們假設〔課題Ⅰ〕中的unit激勵函數用的是Sigmoid函數。

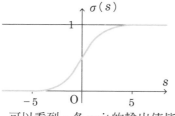

Sigmoid函數的圖形。

可以看到，各unit的輸出值皆介於0到1之間，為連續值。愈接近1可解釋成「反應程度」愈大，接近0時則可解釋成「無反應」（§3）。

unit Z_1、Z_2、Z_3、Z_4的輸出值介於0和1之間，可以解釋成：

「認為圖像是自己負責的字母的信心程度。」

一開始神經網路並不曉得輸入圖像是哪個字母，故 unit Z_1、Z_2、Z_3、Z_4會以輸出值的形式，計算出這個字母是 A、P、L、E 的「信心程度」。

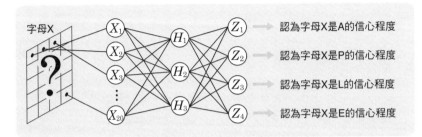

神經網路的輸出與標籤之誤差的意義

假設該神經網路現在讀取到的是字母「A」的手寫圖像。而神經網路計算出來的輸出值，也就是「信心程度」如下（皆為假設數值）。

$$z_1 = 0.9、z_2 = 0.2、z_3 = 0.0、z_4 = 0.1 \cdots (1)$$

（註）unit Z_1、Z_2、Z_3、Z_4的輸出分別為 z_1、z_2、z_3、z_4（§5）。

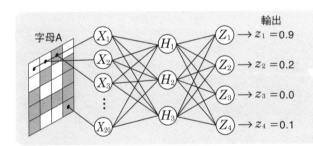

要記得的是，這裡的神經網路基本上是「監督學習」，因此訓練資料必須附有正解標籤。舉例來說，我們假設上圖中輸入的字母圖像，對應的正解標籤就是「A」，這表示神經網路的輸出應該為以下數值才是正解。

$$z_1 = 1、z_2 = 0、z_3 = 0、z_4 = 0 \cdots (2)$$

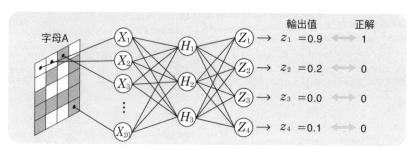

由以上過程可以知道，神經網路的輸出（1）與正解（2）之間的誤差e，可由下式定義。

$$e = (1-0.9)^2 + (0-0.2)^2 + (0-0.0)^2 + (0-0.1)^2 \cdots (3)$$

這個叫做「誤差平方和」，我們曾在第3章中介紹過。

誤差的數學式

讓我們試著將誤差平方和（3）一般化。

與剛才的例子一樣，假設輸入至神經網路的字母圖像其標籤為「A」，此時輸出層Z_1、Z_2、Z_3、Z_4的輸出分別為z_1、z_2、z_3、z_4。這麼一來和剛才一樣，誤差平方和e可定義如下。

$$e = (1-z_1)^2 + (0-z_2)^2 + (0-z_3)^2 + (0-z_4)^2 \cdots (4)$$

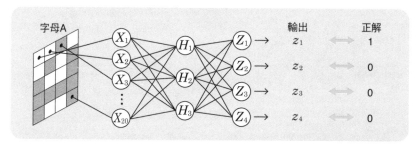

這個式子（4）為神經網路讀取字母「A」的手寫圖像時，神經網路「輸出與正解間的誤差平方和」。

同樣的，假設我們將附有正解標籤「P」的字母圖像輸入至神經網路中。此時的誤差平方和e則定義如下。

$$e = (0-z_1)^2 + (1-z_2)^2 + (0-z_3)^2 + (0-z_4)^2 \cdots (5)$$

這是神經網路讀取字母「P」的手寫圖像時，神經網路「輸出與正解間的誤差平方和」。

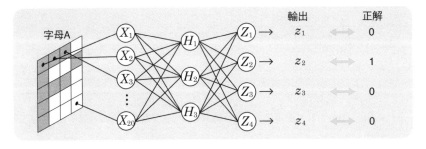

依此類推，可以得到誤差平方和e的定義如下表。

正解標籤	誤差平方和e
A	$(1-z_1)^2 + (0-z_2)^2 + (0-z_3)^2 + (0-z_4)^2$
P	$(0-z_1)^2 + (1-z_2)^2 + (0-z_3)^2 + (0-z_4)^2$
L	$(0-z_1)^2 + (0-z_2)^2 + (1-z_3)^2 + (0-z_4)^2$
E	$(0-z_1)^2 + (0-z_2)^2 + (0-z_3)^2 + (1-z_4)^2$

標籤的變數化

請各位觀察一下上表。當標籤不同時，誤差平方的數學式會有不一樣的形式，這樣用電腦計算時會有些麻煩，所以必須再修正一下數學式的表示方式。

再重複一次，訓練資料中的各圖像都附有標籤，表示該圖像的意義。〔課題Ⅰ〕中，手寫數字圖像皆附有「A」、「P」、「L」、「E」等其中一個正解標籤。不過，就像前面提到的一樣，「A」、「P」、「L」、「E」這樣的正解標籤很難直接應用，最好能夠轉換成方便計算的形式，那就是下一張表中由四個正解變數t_1、t_2、t_3、t_4組成的數組。

正解 變數	意義	正解變數的值			
		A	P	L	E
t_1	「A」的正解變數	1	0	0	0
t_2	「P」的正解變數	0	1	0	0
t_3	「L」的正解變數	0	0	1	0
t_4	「E」的正解變數	0	0	0	1

（註）t源自於teacher的首字母。因為這是訓練資料的正解標籤，故經常令變數為t。

使用正解變數的數組t_1、t_2、t_3、t_4，便可將前頁表中四個計算「誤差平方和」的式子整合成一個，如下所示。

$$e = (t_1 - z_1)^2 + (t_2 - z_2)^2 + (t_3 - z_3)^2 + (t_4 - z_4)^2 \cdots (6)$$

這就是神經網路中，標準化的誤差平方和計算式。將誤差計算整合成一個式子（6），在數學處理上會方便許多。另外在寫電腦的程式碼時也可以更為簡潔。

〔例題1〕當神經網路讀取的是「A」的手寫字母圖像時，請確
認式子（6）與式子（4）的計算結果是否相同。

（解）當神經網路讀取圖像「A」時，由上表可以知道$t_1 = 1$、$t_2 = 0$、$t_3 = 0$、$t_4 = 0$，故式子（6）可進一步計算如下。

$$e = (t_1 - z_1)^2 + (t_2 - z_2)^2 + (t_3 - z_3)^2 + (t_4 - z_4)^2$$
$$= (1 - z_1)^2 + (0 - z_2)^2 + (0 - z_3)^2 + (0 - z_4)^2$$

這和式子（4）一致。

目標函數為整體資料的誤差總量

式子（6）只有表示出一個字母圖像所產生的誤差。但在建構神經網路時，必須要將資料中所有字母圖像所產生的誤差一起考慮進來才有意義。

那麼，該如何求算整體資料的誤差呢？答案很簡單，只要將資料中所有字母圖像一一輸入神經網路，再將用式子（6）求得的誤差平方和

加總起來即可。

〔課題Ⅰ〕中，題目共給了128張字母圖像（§4）。所以我們要將這128張圖像一一輸入至神經網路，得到128個輸出值後，分別計算這些輸出值與正解的誤差平方和（6），再將這128個誤差平方和加總起來，得到整體資料的誤差，以 E 表示。

整體資料的誤差 E = 式子（6）的誤差平方和 e 的加總⋯（7）

而這個整體誤差 E，在神經網路中稱為目標函數（第3章§3）。

讓我們試著將式子（7）用數學形式表示。

設訓練資料中，輸入第 k 張圖像時，得到的誤差平方和（6）的值為 e_k。此時，整體訓練資料的誤差 E 可用以下式子表示。

整體資料的誤差 $E = e_1 + e_2 + e_3 + \cdots + e_{127} + e_{128}$ ⋯（8）

這裡的128就是訓練資料的圖像張數。以上就是目標函數的式子。

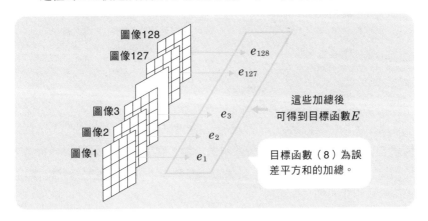

監督學習的數學意義

式子（8）所表示的目標函數 E 為整體資料的誤差平方和之加總。若目標函數（8）的值很小，就表示目前這個神經網路可精確說明訓練資料；相對的，若目標函數（8）的值過大，就表示目前這個神經網路無法說明訓練資料。

因此在決定神經網路的時候，目標就是最小化式子（8）所代表的目標函數 E。將 E 最小化後，神經網路與訓練資料之間的資訊誤差也會

最小化，使我們能夠獲得最適當的神經網路。

這裡要特別留意的是，目標函數（8）是「權重」與「閾值」的函數。

如同我們在第3章中說過的，資料分析模型包含兩種變數，分別是代入資料的變數，以及決定模型的變數（稱為參數）。代入資料的變數與目標函數 E 無關，這種變數的資訊已完全包含在圖像資料內，所以是已確定的變數。

留在式子（8）目標函數 E 中的變數，只有決定模型用的參數，即「權重」與「閾值」。因此我們接下來該做的就是**尋找能讓目標函數 E 最小化的「權重」與「閾值」**。

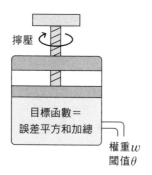

擠壓

目標函數＝
誤差平方和加總

權重 w
閾值 θ

決定參數（權重與閾值），讓誤差平方和加總所得之目標函數 E 最小化。

以上就是神經網路的決定方法。在深度學習的世界（一般稱為 AI 的世界）中，像這樣的決定過程就叫做**學習**。我們在第2章中曾接觸過這個概念。第2章中提到的「監督學習」在數學上的意義就是尋找能讓目標函數最小化的權重與閾值。

模型最佳化與「學習」

在本節的最後，讓我們來整理一下前面用到的各種用語吧。

一般來說，在做資料分析時，我們會建構一個能夠說明資料的數學模型。在本書中神經網路就相當於這個模型。

如同我們在第3章中提到的，這個模型中有一群叫做參數的變數，可決定模型的樣子。調整這些參數，使模型能盡可能符合資料，這個過程就叫做**最佳化**。

這個最佳化過程在 AI 世界中稱為「學習」，是將 AI 擬人化的表達方式。看到「AI 的學習」，可能會讓各位想像到電腦拿著書研讀的樣子，但實際上並非如此。如前所述，所謂的學習指的是「尋找能讓目標函數 E 最小化的權重與閾值」。

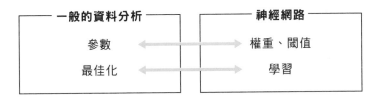

7 神經網路的「學習」

～由最小化目標函數的學習原理，實際計算權重與閾值

在§4中，我們透過〔課題Ⅰ〕說明了什麼是神經網路，以及該如何決定參數（即權重與閾值）。本節中，就讓我們試著實際用電腦來決定權重與閾值吧。

確認神經網路的樣子

前面的章節中，我們透過〔課題Ⅰ〕說明了如何決定神經網路的參數。只要尋找能讓目標函數最小化的權重與閾值就可以了。理論上是這樣沒錯。

不過，要是沒有實際計算看看的話，就只是紙上談兵而已。計算時我們一般會用第7章會說到的誤差反向傳播法來計算這些參數，不過在這裡我們先「跳過」這些複雜的步驟，直接給定權重與參數，用許多人熟知的試算表軟體來體驗看看神經網路的計算。

試算表軟體的性質相當適合用來模擬神經網路的計算，因為一個unit可對應到一個儲存格。接著，就讓我們用前面提到的〔課題Ⅰ〕（再次列於下方），實際來「學習」看看吧。

> 〔課題Ⅰ〕假設我們要製作一個可讀取5×4像素之黑白二元圖像，並且可識別手寫英文字母「A」、「P」、「L」、「E」的神經網路。使用附有正解標籤的128張字母圖像作為訓練資料，並使用Sigmoid函數作為激勵函數。

（註）這裡用的試算表是微軟公司的Excel。訓練資料列於附錄A。

讓我們來確認一下這個課題用到的神經網路。

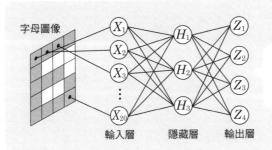

字母圖像

輸入層　　隱藏層　　輸出層

本節用到的神經網路的簡圖。以輸入 E 的手寫字母圖像為例。

用 Excel 進行「學習」

讓我們依照步驟實際計算看看吧。

① 設定參數的初始值

設定權重與閾值的初始值。

	A B	C	D	E	F	G
13	權重w與閾值θ					
14	隱藏層	w				θ
15		0.84	0.02	0.52	0.27	
16		0.25	0.14	0.30	0.53	
17	H1	0.93	0.47	0.20	0.58	
18		0.82	0.00	0.37	0.75	
19		0.85	0.03	0.81	0.97	0.28
20		0.10	0.85	0.71	0.57	
21		0.37	0.91	0.19	0.85	
22	H2	0.22	0.64	0.69	0.97	
23		0.66	0.64	0.71	0.02	
24		0.58	0.04	0.20	0.09	0.17
25		0.63	0.46	0.55	0.29	
26		0.60	0.65	0.71	0.01	
27	H3	0.95	0.14	0.69	0.83	
28		0.50	0.05	0.70	0.78	
29		0.86	0.04	0.13	0.06	0.55
30	輸出層	w		θ		
31	Z1	0.59	0.16	0.61	0.79	
32	Z2	0.83	0.19	0.71	0.08	
33	Z3	0.80	0.08	0.24	0.09	
34	Z4	0.56	0.21	0.35	0.19	

（註）隱藏層對輸入層unit賦予之權重的對應關係如下表所示（X_i 為unit名稱）

X_1	X_2	X_3	X_4
X_5	X_6	X_7	X_8
X_9	X_{10}	X_{11}	X_{12}
X_{13}	X_{14}	X_{15}	X_{16}
X_{17}	X_{18}	X_{19}	X_{20}

這些儲存格為隱藏層unit H_1 的權重初始值（以下亦同）

此儲存格為隱藏層unit H_1 的閾值初始值（以下亦同）

這些儲存格為輸出層unit Z_1 的權重與閾值初始值。由左而右分別為賦予 H_1、H_2、H_3 的權重、閾值（以下亦同）

② 讀取第一個訓練資料，在儲存格內填入函數計算。

透過以下形式讀取圖像資料，將數字填入函數中計算。因為神經網路的一個 unit 對應到工作表的一個儲存格，所以處理過程可以看得一清二楚。

以下示範如何用第一個圖像的資料與正解標籤計算誤差平方和 e。

這個部分不需計算，僅供確認用

	A B	C	D	E	F	G	H I J	K	L	M	N
1	神經網路	（未學習）					編號			1	
2	（例）字母A、P、L、E的區別						字				
3							母				
4							圖				
5							像				
6											
7								0	1	1	0
8		第一張圖像資料					輸	1	0	1	0
9							入	1	1	1	0
10							層	1	0	1	1
11	正解字母							1	0	0	1
12		字母	A	P	L	E	正解	1	0	0	0
13	權重w與閾值θ										
14	隱藏層		w			θ		h			
15		0.84	0.02	0.52	0.27		隱 1	1.00			
16		0.25	0.14	0.30	0.53		藏 2	1.00			
17	H1	0.93	0.47	0.20	0.58		層 3	1.00			
18		0.82	0.00	0.37	0.75						
19		0.85	0.03	0.81	0.97	0.28		z			
20		0.10	0.85	0.71	0.57		輸 1	0.64			
21		0.37	0.91	0.19	0.85		出 2	0.84			
22	H2	0.22	0.64	0.69	0.97		層 3	0.74			
23		0.66	0.64	0.71	0.02		4	0.72			
24		0.58	0.04	0.20	0.09	0.17	誤差e	1.89			
25		0.63	0.46	0.55	0.29						
26		0.60	0.65	0.71	0.01						
27	H3	0.95	0.14	0.69	0.83						
28		0.50	0.05	0.70	0.78						
29		0.86	0.04	0.13	0.06	0.55					
30	輸出層		w		θ						
31	Z1	0.59	0.16	0.61	0.79						
32	Z2	0.83	0.19	0.71	0.08						
33	Z3	0.80	0.08	0.24	0.09						
34	Z4	0.56	0.21	0.35	0.19						
35					誤差E	216					

正解變數的數值（§6）

計算隱藏層的輸出（§5式子（3））

計算輸出層的輸出（§5式子（4））

計算誤差平方和 e（§6式子（6））

計算目標函數 E（§6式子（8））

③ 用②的方式處理其他所有的訓練資料。

　　將剩下的127張圖複製後，依序貼上並排列在②圖中 K～O 欄的右邊。依照②的方式計算出各張圖的誤差平方和 e 後，於儲存格中填入目標函數 E 的數學式（②的圖）。

④ 執行規劃求解。

　　如下圖設定目標函數與參數，計算最小值。

（註）之所以在「將未設限的變數設為非負數」打✓，是為了方便解釋計算結果。要是 Excel 沒有安裝規劃求解功能的話，請參考附錄 D 安裝。

來看看 Excel 的計算結果

　　執行規劃求解後，可以得到下一張圖般的結果。

（註）依電腦性能與環境的不同，處理時間也不一樣，有可能會等超過30分鐘。另外，也可能會出現和下圖不同的結果。

▲	A	B	C	D	E	F	G
1	神經網路（未學習）						
13	權重w與閾值θ						
14		隱藏層	w				θ
15			0.00	0.00	0.00	0.00	
16			0.00	0.06	0.00	0.00	
17	H		0.00	0.00	0.00	0.00	
18			0.00	0.40	0.00	0.88	
19			0.00	0.18	7.74	0.93	6.98
20			0.07	1.66	1.58	0.52	
21			0.21	0.00	0.00	2.03	
22	H2		0.52	1.17	0.53	0.00	
23			0.00	0.00	0.00	0.00	
24			0.00	0.02	0.00	0.00	5.81
25			0.00	0.00	0.00	0.00	
26			0.00	0.35	2.52	0.02	
27	H3		0.00	0.00	2.53	1.43	
28			0.00	0.12	3.11	4.26	
29			0.00	0.00	0.00	0.16	6.30

▲	A	B	C	D	E	F
1	神經網路（未學習）					
30		輸出層		w		θ
31	Z1		0.00	0.37	10.68	6.07
32	Z2		0.00	5.10	0.00	3.52
33	Z3		4.45	0.00	0.00	3.57
34	Z4		6.78	6.85	0.00	8.00

計算出輸出層的權重與閾值

計算出隱藏層的權重與閾值

依照計算出來的權重與閾值，可以得到目標函數 E 的數值如下。

$E = 25.41$

然而，評估目標函數 E 的大小卻沒那麼容易。不過因為訓練資料只有128張像素數為 $5 \times 4 = 20$ 的圖片，且數值只能是0或1，所以這樣的 E 應該還算不錯。

（註）由這種方法得到的目標函數數值不保證是最小值。這是最佳化問題的宿命。

由以上計算出來的權重與閾值建構出神經網路後，將神經網路的預測結果與正解標籤對照，可以得到預測正確率（即準確率）如下。

準確率＝98%

這也算是相當高的機率。讓我們來看看沒有回答出正確答案的訓練資料。

沒有正確判斷出答案的訓練資料。將左邊的圖像判斷為 L，右邊的圖像判斷為 E。正解是相反的 E 跟 L。

這些手寫字母醜到用本章的簡易神經網路也「很難正確判斷」。可見這個字跡實在醜到讓人有些同情。

對神經網路
「學習」結果的解釋

～試著解釋神經網路的學習結果

第5章　了解卷積神經網路的機制

第6章　了解遞歸神經網路的機制

第7章　了解誤差反向傳播法的機制

附錄

在上一節中，我們計算出了§4的〔課題Ｉ〕需要的權重與閾值。本節將試著解釋這樣的結果。

標示出權重較大的unit

「權重」是unit與下一層unit之間的連結強度，可以視為交換資訊的頻寬。

（註）因為本例中我們假設閾值與權重為0以上的值，所以可以這樣解釋。如果放寬條件，使閾值與權重可以是負數的話，就沒有辦法這樣解釋了，不過這裡提到的概念仍可幫助各位了解神經網路。

讓我們來看看各層每個unit的權重數值吧。

隱藏層的權重

H_1			
0.00	0.00	0.00	0.00
0.00	0.06	0.00	0.00
0.00	0.00	0.00	0.00
0.00	0.40	0.00	0.88
0.00	0.18	7.74	0.93

H_2			
0.07	1.66	1.58	0.52
0.21	0.00	0.00	2.03
0.52	1.17	0.53	0.00
0.00	0.00	0.00	0.00
0.00	0.02	0.00	0.00

H_3			
0.00	0.00	0.00	0.00
0.00	0.35	2.52	0.02
0.00	0.00	2.53	1.43
0.00	0.12	3.11	4.26
0.00	0.00	0.00	0.16

輸出層的權重

	H_1	H_2	H_3
Z_1	0.00	0.37	10.68
Z_2	0.00	5.10	0.00
Z_3	4.45	0.00	0.00
Z_4	6.78	6.85	0.00

數值較大的「權重」會套上底色。原本應該也要考慮閾值才對。為了簡化問題，這裡先比較權重的大小。

如前所述（§7），前頁表格中的各個數字，分別對應到隱藏層對輸入層 unit X_1、X_2、$\cdots$、X_{20} 賦予之權重。

X_1	X_2	X_3	X_4
X_5	X_6	X_7	X_8
X_9	X_{10}	X_{11}	X_{12}
X_{13}	X_{14}	X_{15}	X_{16}
X_{17}	X_{18}	X_{19}	X_{20}

圖像像素與輸入層的 unit 為一對一對應。因此每個像素所對應的輸入層 unit X_1、X_2、$\cdots$、X_{20} 如左圖所示。

接著無視權重比較小的 unit，將套上底色、權重比較大的 unit 用線連起來。

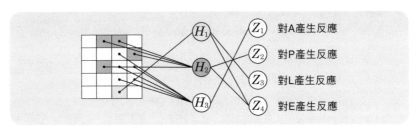

H_1　Z_1 對A產生反應
H_2　Z_2 對P產生反應
　　Z_3 對L產生反應
H_3　Z_4 對E產生反應

這張圖只保留了關係較強之 unit 的連線，為 unit 的「相關圖」。

為了之後的說明，先將前頁隱藏層 unit H_1、H_2、H_3 權重的表格中，數值較大的儲存格套上底色，得到以下的樣式1～3。

樣式1　　　　　　樣式2　　　　　　樣式3

這表示，隱藏層的 unit H_1、H_2、H_3 分別與圖像中的這些位置（套底色的位置）有較強的連結。

解釋學習結果

接著，讓我們試著解讀上面得到的圖。

首先從會對「A」產生反應的輸出層 Z_1 出發，沿著線回溯，會抵達輸入層的5個像素，再試著將這5個像素與典型的手寫字母圖像「A」重

疊在一起。

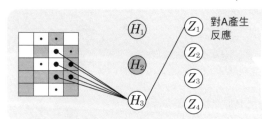

對A產生
反應

輸入手寫字母「A」。觀
察「A的像素」與「輸出
層中會對A產生反應的
unit Z_1」間的關係。

同樣的，從會對字母「P」、「L」、「E」產生反應的輸出層 Z_2～Z_4
出發，沿著線回溯。再試著將抵達輸入層時碰到的像素分別與典型的手
寫字母圖像「P」、「L」、「E」重疊在一起。

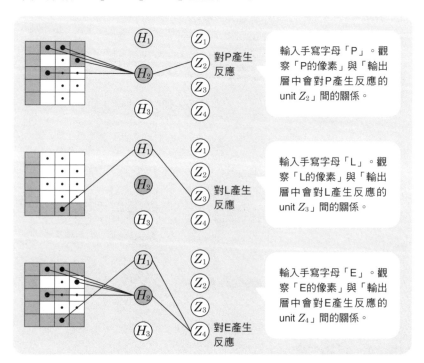

對P產生
反應

輸入手寫字母「P」。觀
察「P的像素」與「輸出
層中會對P產生反應的
unit Z_2」間的關係。

對L產生
反應

輸入手寫字母「L」。觀
察「L的像素」與「輸出
層中會對L產生反應的
unit Z_3」間的關係。

對E產生
反應

輸入手寫字母「E」。觀
察「E的像素」與「輸出
層中會對E產生反應的
unit Z_4」間的關係。

由此便可看出輸入層、隱藏層、輸出層之unit的關係，以及神經網
路如何識別手寫字母。

先從會對「A」產生反應的輸出層 unit Z_1 開始說明。

unit Z_1 為了識別字母「A」，會連結到隱藏層的unit H_3，而 H_3 會
繼續連結到前頁樣式3圖中標示的像素。

這代表了以下意義。

「神經網路將樣式3標示的像素作為字母A的主要特徵，以此識別字母A。」

接著要說明的是會對「P」產生反應的輸出層 unit Z_2。

樣式3

unit Z_2 為了識別字母「P」，會連結到隱藏層的 unit H_2，而 H_2 會繼續連結到樣式2標示的像素。

這代表了以下意義。

樣式2

「神經網路將樣式2標示的像素作為字母P的主要特徵，以此識別字母P。」

會對「L」產生反應的輸出層 unit Z_3 也是同樣的運作方式。

也就是說，「神經網路將樣式1標示的像素作為字母L的主要特徵，以此識別字母L。」

樣式1

最後要說明的是會對「E」產生反應的輸出層 unit Z_4。

unit Z_4 為了識別字母「P」，會連結到兩個隱藏層的 unit H_1 與 H_2，而 unit H_1 會繼續連結到樣式1標示的像素、unit H_2 會繼續連結到樣式2標示的像素。

樣式1　　　　樣式2

這代表了以下意義。

「神經網路將樣式1與樣式2所標示的像素作為字母E的主要特徵，以此識別字母E。」

以上就是神經網路識別手寫字母的機制。神經網路會透過「權重」的樣式1～3，識別輸入的是哪個字母。

重點在於，這些「權重」的樣式1～3不是人為給定的數值。而是神經網路用訓練資料計算之後，自動算出了隱藏層 unit H_1～H_3 的權重樣式。

這種「隱藏層從訓練資料的圖像中，抽取特定的圖像樣式，作為識別圖像之特徵」的過程，稱為特徵抽取。而抽取的樣式1～3則稱為特徵

樣式。

（註）如同第2章中提到的，一般會將特徵樣式稱為特徵量。

以上就是「深度學習會從資料中自行學習」這句話的意思。第2章中用示意圖說明的「特徵樣式」、「特徵抽取」改用數學方式表示的話，就是以上的內容。

各層 unit 輸出的意義

構成神經網路的三層（輸入層、隱藏層、輸出層）中，輸入層與輸出層的 unit，輸出的意義相當明確。

輸入層 unit 的輸出就是圖像像素的數值本身（§5）。輸出層 unit 的輸出則是判斷「輸入神經網路之字母為該 unit 負責之字母」的「信心程度」（§6）。

那麼，隱藏層的輸出又是什麼意思呢？

先說結論，我們可以這樣解釋隱藏層的輸出。

> 隱藏層 unit H_1、H_2、H_3 的輸出，分別代表輸入神經網路之圖像含有多少比例的特徵樣式1、2、3，即「佔比」。視覺上則可表示成圖像與特徵樣式的「相似度」。

讓我們試著用實際例子解釋隱藏層的輸出吧。

下圖顯示了隱藏層 unit H_2 抽取的樣式2，以及與字母 P、L 之間的關係。

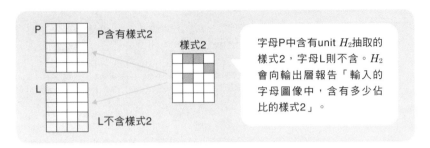

字母 P 與 unit H_2 抽取的特徵樣式2有許多共通點。所以當我們把字母 P 輸入至神經網路時，unit H_2 會告訴輸出層，這個字母「有比較大的佔比」、「與樣式2相似」。

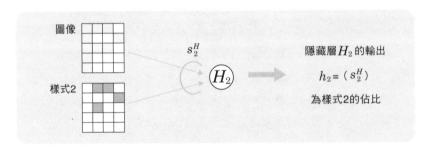

相對的，輸入字母 L 至神經網路時，因為字母 L 與 unit H_2 抽取的特徵樣式2沒有共通點，所以 unit H_2 會告訴輸出層，這個字母「佔比接近0」、「與樣式2並不相似」。

測試神經網路

本章中，我們試著用訓練資料建構出了神經網路，但這只是訓練用的神經網路。

要是輸入新圖像的話，這個神經網路能否正確判斷輸入的字母是什麼呢？接著就讓我們來確認看看，〔課題Ⅰ〕建構出來的神經網路，能否正確解出以下這個〔問題〕。

〔問題〕請用前面建構出來的神經網路，判斷右方的
手寫字母圖像是「A」、「P」、「L」、「E」
中的哪個字母。

（解）這個測試用手寫字母不存在於訓練資料中。雖然我們可以看出這是「A」的手寫字母，這卻是用〔課題 I〕建構出的神經網路不曾處理過的資料。

代入神經網路學習後的參數（權重與閾值）計算，可得到輸出層的輸出結果如下。

Z_1	Z_2	Z_3	Z_4
0.99	0.10	0.03	0.00

可以看到輸出層中，對「A」產生反應的 unit Z_1 輸出最大。這表示神經網路判斷這個手寫字母是「A」，神經網路可以做出和人類一樣的判斷。

（解答結束）

memo 可解釋成「佔比」的根據

隱藏層 unit H_j 的輸出 h_j 可由以下數學式計算出來（§5）。
$$s_j^H = w_{j1}^H x_1 + w_{j2}^H x_2 + w_{j3}^H x_3 + \cdots + w_{j20}^H x_{20} - \theta_j^H \cdots（1）$$
$$h_j = \sigma(s_j^H) \cdots（2）$$

式子（1）右邊的「權重」部分，反映了特徵樣式 j（$j = 1 \sim 3$）的樣子。輸入圖像與特徵樣式 j 的重複像素愈多，輸入線性總和 s_j^H 的數值就愈大。由於單調遞增函數 σ（式子（2））的數值在 0～1 之間，故 h_j 可解釋成「特徵樣式 j 的佔比」。

第5章

了解
卷積神經網路的機制

卷積神經網路可以說是深度學習的主角。

我們在第2章中用神經元機器人

簡單說明了卷積神經網路的概念。

本章中，我們將改用數學式

說明卷積神經網路的運作機制。

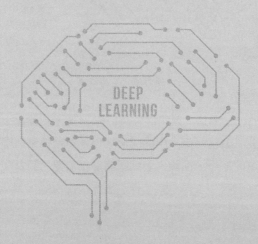

DEEP
LEARNING

1 卷積神經網路的準備

～神經網路沒辦法處理很大的圖像！

深度學習掀起了近年來的 AI 熱潮。而「卷積神經網路（CNN）」則是支撐著深度學習的重要模型。本節讓我們來看看卷積神經網路與第4章介紹的神經網路有什麼不同。

卷積神經網路的必要性

將第4章介紹的神經網路的隱藏層重新架構，就可以得到卷積神經網路。卷積神經網路也是一種神經網路。

神經網路 ─
卷積神經網路

> 卷積神經網路是一種神經網路。

那麼，為什麼我們會需要用到卷積神經網路呢？讓我們再看一次上一章（第4章）中提到的神經網路例子。

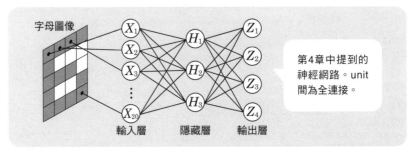

字母圖像

X_1
X_2
X_3
X_{20}

H_1
H_2
H_3

Z_1
Z_2
Z_3
Z_4

輸入層　　　隱藏層　　　輸出層

> 第4章中提到的神經網路。unit 間為全連接。

如此簡單的神經網路，就可以分辨出5×4像素的簡化手寫字母圖像是「A」、「P」、「L」、「E」中的哪個字母。不過換個角度來看，光是要分辨四個簡單的字母，從輸入層到隱藏層就需要用到20×3（＝60）個箭頭。

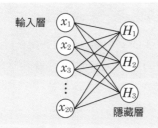

從輸入層到隱藏層的箭頭
共有20×3（＝60）個。

輸入層　x_1　H_1
x_2　H_2
x_3　H_3
x_{20}　隱藏層

如果要從真正的圖像識別出貓咪的話，需要的箭頭數一定更多。

實際用於識別照片中的狗或貓的神經網路會是什麼樣子呢？現在就算是便宜的數位相機，至少也有1000萬像素的解析度。這表示所有輸入層unit連結到一個隱藏層unit的箭頭數共有1000萬個。與識別簡化的手寫字母「A」、「P」、「L」、「E」時不同，識別狗或貓時，隱藏層至少也要配置1000個unit才行。如此一來，輸入層連結到隱藏層的箭頭數就會膨脹到很大的數字，如下所示。

1000萬像素 × 隱藏層的unit數1000個＝100億（個）

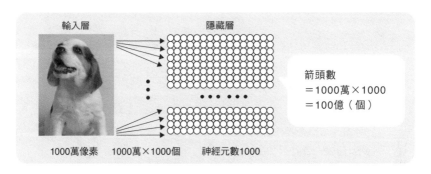

輸入層　　　　　　　　隱藏層

箭頭數
＝1000萬×1000
＝100億（個）

1000萬像素　1000萬×1000個　神經元數1000

（註）如圖，相鄰層的unit間全都用箭頭連接起來，這種神經網路的連接方式稱為全連接，我們在第2章中也有提過這件事。

一個箭頭可對應到一個unit賦予的「權重」。所以要建構這個神經網路時，最少要決定100億個「權重」變數才行。即使是超級電腦，要一口氣計算出100億個數值也不是件容易的事。而且這也表示訓練時需要大量資料，準備起來相當困難。

卷積神經網路（Convolutional neural network，簡稱CNN）就是為了解決這個問題而誕生的。

以實例思考

　　若只討論一般化情況的話會變得很抽象，難以看到卷積神經網路的本質。所以這裡讓我們透過一個具體的問題，說明卷積神經網路有什麼特徵。

> 〔課題 II〕假設我們要建構一個可讀取 9×9＝81 像素之灰階圖像，且可識別手寫數字「1」、「2」、「3」、「4」的卷積神經網路。使用附有正解標籤的 192 張數字圖像作為訓練資料，並使用 Sigmoid 函數作為激勵函數。

（註）灰階（gray scale、monochrome）圖像指的是僅由單色構成的圖像。簡單來
　　　說，就是一般黑白照片之類的圖像。

（註）本章中使用的手寫數字「1」～「4」選自 MNIST 資料中的 192 個圖像，並將解析
　　　度縮小至可辨別的最小解析度（9×9 像素）。這些資料列於附錄 B。

　　以下列出幾個 9×9 像素的灰階手寫數字「1」、「2」、「3」、「4」圖像例子。

實際大小

放大

手寫「1」、「2」、「3」、「4」的實際大小與放大圖。

　　這些資料比第 4 章中提到的 A、P、L、E 四個字母的圖像資料更接近神經網路的實際應用。

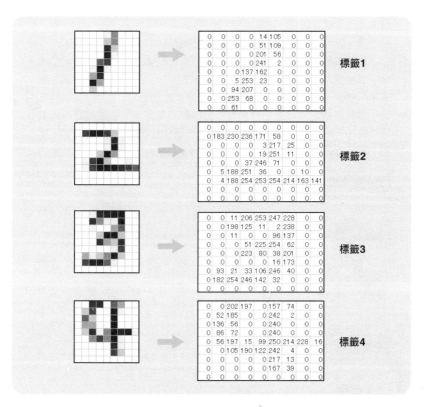

確認訓練資料

這裡先讓我們確認一下訓練資料。神經網路讀取到的手寫數字「1」、「2」、「3」、「4」會如何記錄在圖像記憶體中呢？以下為幾個例子。

各像素皆被轉換成0～255的數字。數值愈大，表示對應的像素顏色愈深。

各圖像皆附有正解標籤（簡稱「標籤」）表示該圖像是哪個數字。因為卷積神經網路也是一種神經網路，會進行監督學習。上方圖像範例的「標籤」就標明了該數字。

memo　MNIST資料

MNIST（Mixed National Institute of Standards and Technology的簡稱，讀做「m-nist」）是一個擁有7萬張手寫數字圖像的資料庫，其中6萬張是訓練資料、1萬張是測試用資料，皆為28×28像素的圖像。NIST是美國國家標準暨技術研究院，因為是這個機構釋出的樣本資料，所以叫做MNIST。

這裡讓我們確認一下圖像數值化後的資料。

灰階圖像的每個像素會被轉換成0～255的數值，表示該像素的明度。依照標準，0是全黑（全暗）、255是全白（全亮）。但在說明手寫數字所對應的畫面時，這樣的標準用起來不太方便。

因此本書會將代表白色與黑色的數值反轉過來。想像成底片攝影時的負片，應該會比較好理解。即使經過這樣的轉換，仍會得到相同結果。而且我們在第4章中已經用過這種轉換方式。

資料數值化的標準做法

標準的資料數值化

255	255	255	255	255	255	255	255	255
255	254	181	32	8	108	255	255	255
255	25	47	172	196	3	255	255	255
255	248	255	255	101	113	255	255	255
255	255	255	208	14	239	255	255	255
255	255	255	45	178	255	255	255	255
255	255	82	96	255	255	255	255	255
255	145	6	132	65	57	65	221	255
255	82	19	47	132	202	215	255	255

本書使用的明暗反轉數值化做法

明暗反轉的數值化

0	0	0	0	0	0	0	0	0
0	1	74	223	247	147	0	0	0
0	230	208	83	59	252	0	0	0
0	7	0	0	154	142	0	0	0
0	0	0	47	241	16	0	0	0
0	0	0	210	77	0	0	0	0
0	0	173	159	0	0	0	0	0
0	110	249	123	190	198	190	34	0
0	173	236	208	123	53	40	0	0

2 卷積神經網路的輸入層

～輸入層的各個變數名稱分別對應到圖像上的不同位置

卷積神經網路也同樣分成「輸入層」、「隱藏層」、「輸出層」等三層。本節將從§1〔課題Ⅱ〕建構的卷積神經網路的「輸入層」開始介紹。

輸入層中各個unit的名稱

輸入層中的unit不會對訊號做任何處理。這些unit接收到來自像素的訊號後,會保持原樣傳送出去。這和我們在第4章中介紹的神經網路一樣。

建構網路時,必須先為輸入層中的每個unit命名。本章同樣將輸入層的unit命名為英文字母的 X。

在前一章的神經網路中,為了區別輸入層中的各個unit,我們為每個unit加了下標1～20。

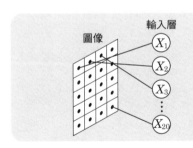

第4章中為輸入層的unit命名的方式(像素數目為20)。

但是當像素數目很多時,這種命名方式就顯得過於單純。本章中要處理的像素數目為 $9 \times 9 = 81$,如果在unit的名稱 X 加上1～81的下標,看起來會不大直觀,而且難以看出每個unit分別是對應到圖像上的哪個像素。

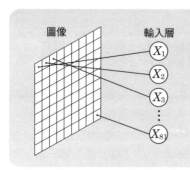

若依順序為unit命名，會很難看出每個unit分別對應到哪個像素。

再說了，用數位相機拍攝出來的照片，解析度都在1000萬像素以上。處理這種高解析度的圖像時，用上述的命名方式會顯得很不實際。

所以這裡我們會改用另一種命名方式。假設某輸入層的unit接收到的訊號來自圖像上第i列第j行的像素，則該unit會被命名為X_{ij}（i、j為1～9的整數）。

用這種方式定義輸入層unit的下標後，各像素與輸入層各unit的對應便能一目瞭然。

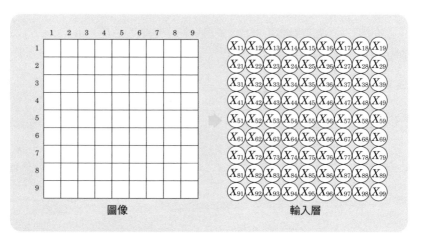

簡單來說，就是要將每個輸入層unit視同對應的像素。如同前面提到的，輸入層的unit會將來自像素的輸入訊號保持原樣直接輸出。所以將兩者視為相同的東西並不會有什麼問題。

將輸入層unit視同像素後，神經網路的圖便會變得直觀許多。而且用卷積神經網路計算時，這種表示方式也有比較方便計算的優點。

輸入層 unit 的輸出變數名稱

如同前面提到的，輸入層的 unit 不會對訊號做任何處理，而是將來自像素的訊號保持原樣直接輸出，與第4章中介紹的神經網路相同。所以本章也會用和第4章一樣的方式命名輸入層的輸出變數。慣例上，我們會將輸入層 unit 的名稱（大寫 X）轉成小寫，用以命名它的輸出變數，也就是如下所示。

> X_{ij} ＝輸入層第 i 列第 j 行的 unit 名稱
>
> x_{ij} ＝ unit X_{ij} 的輸出變數名稱 … （1）

請由下圖再確認一次。

（例1）設接收第1列第1行像素之訊號的 unit 為 X_{11}，它的輸出變數名稱為 x_{11}。
如果第1列第1行像素的訊號值為128，那麼 unit X_{11} 的輸出變數 x_{11} 的數值就是128。

3 卷積神經網路的卷積層

～卷積層是卷積神經網路的關鍵

一般而言，「卷積層」就是深度學習的醍醐味。本節就讓我們來看看如何建構隱藏層中的卷積層。

複習前面的內容

接續§2的內容，讓我們繼續說明§1中的〔課題 II〕。

卷積神經網路和第4章中介紹的一般神經網路一樣，基本結構都是由輸入層、隱藏層、輸出層構成。前一節（§2）中，我們確定了輸入層的unit名稱與輸出變數名稱。

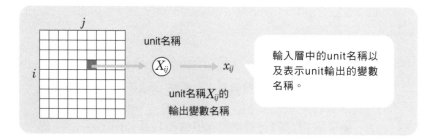

卷積神經網路會將輸入層劃分成許多小區塊

接著要說明的是隱藏層。

如同我們一開始提到的，如果把一般神經網路直接應用在實際圖像的分析上，箭頭數目會變得過於龐大。這表示權重的數目也會相當多，使計算變得十分困難。

之所以會那麼「龐大」，是因為任一輸入層unit都必須連結到每一個隱藏層unit（如次頁圖示）。

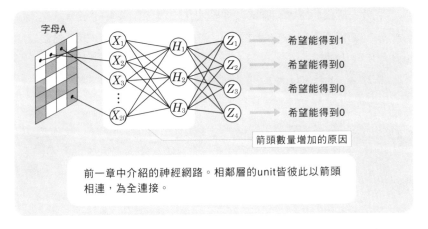

箭頭數量增加的原因

前一章中介紹的神經網路。相鄰層的unit皆彼此以箭頭相連，為全連接。

為了解決這個問題，卷積神經網路使用的**方法是「將輸入層的unit劃分成許多小塊」**。

將輸入層的unit劃分成小塊後，隱藏層的unit箭頭數就會大幅減少。也就是說，不要一次就調查整張圖，而是把範圍縮小、分成許多小區塊（block），再一一調查。

縮小範圍後的區塊包含4×4個unit。這個範圍內的unit會同時連接到隱藏層中的一個unit，故箭頭數僅為4×4＝16。

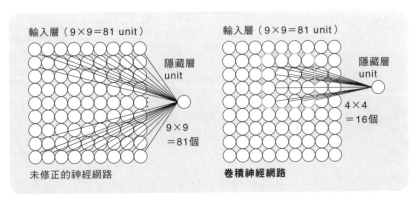

（註）實際上的卷積神經網路中，通常會以5×5為一個區塊。不過不論區塊有多大，運作機制都相同。

這些劃分後的小塊通常就單純稱之為「區塊（block）」。對於每個區塊而言，隱藏層unit的處理方式與一般神經網路相同。由於整體的箭頭數變少了，所以計算負擔也會減輕許多。

不過，當我們將大範圍的圖像區塊化之後，隱藏層的unit就必須自行平移，這樣才能夠掃描到整個範圍的圖像。所以我們可以將隱藏層的unit想像成「動態unit」。

（註）第2章中，我們將其比喻為「裝上腳的神經元機器人」。

區塊數為36個

接著，讓我們試著慢慢移動隱藏層的「動態unit」吧。假設區塊的大小為4×4。下圖是分析〔課題Ⅱ〕中的圖像時會用到的區塊，共有6×6（＝36）個。

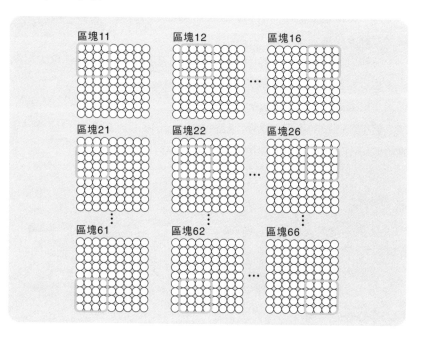

如這張圖所示，各區塊的名稱依序定為11、12、……、16、21、……、66。

（註）要注意的是，區塊16的下一個是區塊21。

接著要說明的是隱藏層的「動態unit」是如何處理來自各個區塊的資訊。

過濾器

前面有提到「隱藏層的unit對每個區塊的處理方式與一般神經網路相同」。所以也必須準備好「權重」和「閾值」。

先拿一個區塊出來作為例子，如下圖所示。隱藏層的「動態unit」與一般神經網路的隱藏層unit一樣，會對來自區塊內各unit的箭頭賦予「權重」。

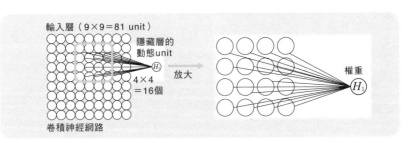

由圖可以看出，為「權重」命名時得慎重行事。命名方式不恰當的話，會讓人很難看出某個箭頭對應到的是哪個權重。我們可以依照區塊中unit的排列方式，將「權重」如下圖般排列在格子內，然後依序為w加上表示列與行的下標。

w_{11}	w_{12}	w_{13}	w_{14}
w_{21}	w_{22}	w_{23}	w_{24}
w_{31}	w_{32}	w_{33}	w_{34}
w_{41}	w_{42}	w_{43}	w_{44}

過濾器。權重w的下標表示它在格子內的位置。

像上圖這樣一整組的「權重」，被稱為過濾器（filter）。所有被劃分出來的區塊皆共用這個過濾器。

本例中，假設隱藏層有3個「動態unit」，分別為H_1、H_2、H_3。

（註）這裡的「3個」可由卷積神經網路的設計者自行決定。

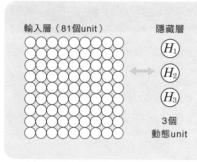

輸入層（81個unit）　隱藏層

H_1

H_2

H_3

3個
動態unit

在隱藏層中配置3個「動態unit」。unit名稱與第4章一樣，命名為H_k（k為由上而下依序編號）。

「動態unit」H_1、H_2、H_3分別有各自的過濾器，所以過濾器共有3種，可分別加上F1、F2、F3 的上標用以區別，如下圖所示。

過濾器1

w_{11}^{F1}	w_{12}^{F1}	w_{13}^{F1}	w_{14}^{F1}
w_{21}^{F1}	w_{22}^{F1}	w_{23}^{F1}	w_{24}^{F1}
w_{31}^{F1}	w_{32}^{F1}	w_{33}^{F1}	w_{34}^{F1}
w_{41}^{F1}	w_{42}^{F1}	w_{43}^{F1}	w_{44}^{F1}

過濾器2

w_{11}^{F2}	w_{12}^{F2}	w_{13}^{F2}	w_{14}^{F2}
w_{21}^{F2}	w_{22}^{F2}	w_{23}^{F2}	w_{24}^{F2}
w_{31}^{F2}	w_{32}^{F2}	w_{33}^{F2}	w_{34}^{F2}
w_{41}^{F2}	w_{42}^{F2}	w_{43}^{F2}	w_{44}^{F2}

過濾器3

w_{11}^{F3}	w_{12}^{F3}	w_{13}^{F3}	w_{14}^{F3}
w_{21}^{F3}	w_{22}^{F3}	w_{23}^{F3}	w_{24}^{F3}
w_{31}^{F3}	w_{32}^{F3}	w_{33}^{F3}	w_{34}^{F3}
w_{41}^{F3}	w_{42}^{F3}	w_{43}^{F3}	w_{44}^{F3}

整理以上的敘述，我們可以將過濾器1賦予某個區塊的權重示意如下圖。

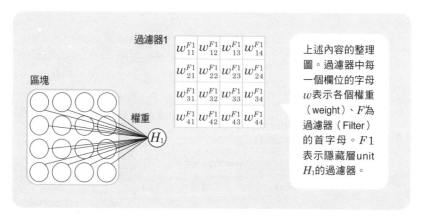

過濾器1

w_{11}^{F1}	w_{12}^{F1}	w_{13}^{F1}	w_{14}^{F1}
w_{21}^{F1}	w_{22}^{F1}	w_{23}^{F1}	w_{24}^{F1}
w_{31}^{F1}	w_{32}^{F1}	w_{33}^{F1}	w_{34}^{F1}
w_{41}^{F1}	w_{42}^{F1}	w_{43}^{F1}	w_{44}^{F1}

區塊

權重

H_1

上述內容的整理圖。過濾器中每一個欄位的字母w表示各個權重（weight）、F為過濾器（Filter）的首字母。$F1$表示隱藏層unit H_1的過濾器。

另外，隱藏層的「動態unit」H_k中還包含了表示自身「敏感度」的閾值。閾值的符號需要再加上過濾器名稱，寫成θ^{Fk}。k為隱藏層unit的編號，與過濾器的編號一致。

與隱藏層 unit H_k 有關的過濾器及閾值的符號整理如下。

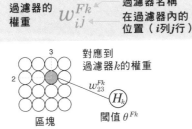

過濾器的權重 w_{ij}^{Fk} — 過濾器名稱 在過濾器內的位置（i列j行）

閾值 θ^{Fk} — 過濾器名稱

3
2
對應到過濾器k的權重
w_{23}^{Fk}
(H_k)
閾值 θ^{Fk}
區塊

面對來自區塊第2列第3行的箭頭，過濾器k賦予的權重可寫成 w_{23}^{Fk}。

過濾器的計算

再重複一次，隱藏層的unit對輸入層中每個區塊的處理方式，與我們在第4章提到的一般神經網路相同。

讓我們以隱藏層的第一個unit H_1 及輸入層的區塊11為例，說明過濾器如何計算吧。

首先，我們要確認符號名稱的位置關係，如下圖所示（輸入層的unit名稱即表示出該unit的輸出）。

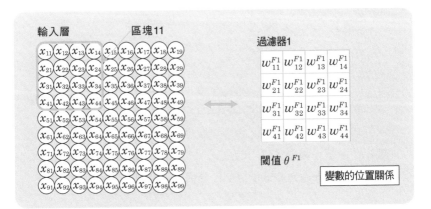

輸入層　　　　區塊11

過濾器1

$$w_{11}^{F1}\ w_{12}^{F1}\ w_{13}^{F1}\ w_{14}^{F1}$$
$$w_{21}^{F1}\ w_{22}^{F1}\ w_{23}^{F1}\ w_{24}^{F1}$$
$$w_{31}^{F1}\ w_{32}^{F1}\ w_{33}^{F1}\ w_{34}^{F1}$$
$$w_{41}^{F1}\ w_{42}^{F1}\ w_{43}^{F1}\ w_{44}^{F1}$$

閾值 θ^{F1}

變數的位置關係

unit H_1 對區塊11的處理方式與一般神經網路相同，故「輸入線性總和」s_{11}^{F1} 的計算方式可表示如下。

$$s_{11}^{F1} = w_{11}^{F1} x_{11} + w_{12}^{F1} x_{12} + w_{13}^{F1} x_{13} + \cdots + w_{44}^{F1} x_{44} - \theta^{F1} \cdots (1)$$

接著再用 Sigmoid 函數 σ 計算來自區塊11的訊號經隱藏層 unit H_1

處理後的輸出 h_{11}^{F1}，可表示如下。

$$h_{11}^{F1} = \sigma(s_{11}^{F1}) \quad \cdots (2)$$

〔例題1〕試用數學式表示將區塊66（參考第148頁的圖）當作
輸入之區塊時，隱藏層第2個 unit H_2 處理後的輸出
h_{66}^{F2}。

〔解〕區塊66輸入至 unit H_2 的「輸入線性總和」s_{66}^{F2} 之計算過程
如下。

$$s_{66}^{F2} = w_{11}^{F2} x_{66} + w_{12}^{F2} x_{67} + w_{13}^{F2} x_{68} + \cdots + w_{44}^{F2} x_{99} - \theta^{F2} \quad \cdots (3)$$

如此一來，這個 unit 的輸出 h_{66}^{F2} 的值計算如下。

$$h_{66}^{F2} = \sigma(s_{66}^{F2}) \quad \cdots (4)$$

輸入層

過濾器2

閾值 θ^{F2}

式子（3）變數的
位置關係

區塊66

（註）輸入層的 unit 名稱使用了輸出的變數名稱。

理解式子（1）～（4）之後，一般化就會簡單許多。

讓我們將結果整理成以下的公式。式子中有很多上下標，看起來很
複雜，不過只要知道這些式子是如何建構的，理解上就會輕鬆許多。

當輸入層的區塊 ij 輸入至隱藏層的 unit H_k 時，其線性總和
s_{ij}^{Fk}、輸出 h_{ij}^{Fk} 可表示如下。

$$s_{ij}^{Fk} = w_{11}^{Fk} x_{ij} + w_{12}^{Fk} x_{ij+1} + w_{13}^{Fk} x_{ij+2} + \cdots + w_{44}^{Fk} x_{i+3j+3} - \theta^{Fk} \quad \cdots (5)$$

$$h_{ij}^{Fk} = \sigma(s_{ij}^{Fk}) \quad \cdots (6)$$

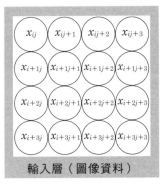
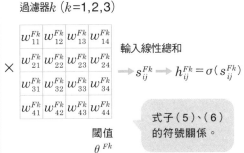

過濾器k（k=1,2,3）

$$\begin{array}{|c|c|c|c|}\hline w_{11}^{Fk} & w_{12}^{Fk} & w_{13}^{Fk} & w_{14}^{Fk} \\\hline w_{21}^{Fk} & w_{22}^{Fk} & w_{23}^{Fk} & w_{24}^{Fk} \\\hline w_{31}^{Fk} & w_{32}^{Fk} & w_{33}^{Fk} & w_{34}^{Fk} \\\hline w_{41}^{Fk} & w_{42}^{Fk} & w_{43}^{Fk} & w_{44}^{Fk} \\\hline\end{array}$$

輸入線性總和

$$\longrightarrow s_{ij}^{Fk} \longrightarrow h_{ij}^{Fk} = \sigma(s_{ij}^{Fk})$$

閾值
θ^{Fk}

式子（5）、（6）
的符號關係。

輸入層（圖像資料）

式子（6）的計算結果 h_{ij}^{Fk} 的意義

請讓我再重複一次，隱藏層unit對輸入層中各個區塊的處理方式，都與一般的神經網路完全相同。所以式子（6）的計算結果，與第4章中神經網路的計算結果有著相同的意義。以下將試著對照兩者比較並進行說明。

先讓我們來看看第4章中提到的神經網路（第4章§8）。

神經網路的隱藏層unit H_j 的輸出 h_j 是一種「佔比」，代表整張輸入圖像含有多少unit H_j 所抽取的「特徵樣式」。就視覺上而言，也可以說是整張輸入圖像與「特徵樣式」的「相似度」。

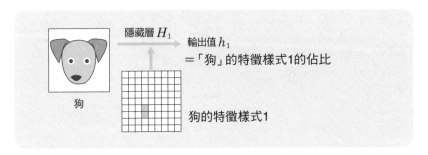

隱藏層 H_1

輸出值 h_1
＝「狗」的特徵樣式1的佔比

狗

狗的特徵樣式1

接著來看卷積神經網路的情況。

式子（6）的計算方式與一般神經網路相同，其結果 h_{ij}^{Fk} 可解釋成「佔比」，代表對象區塊含有多少「過濾器 k 的樣式」。另外，就視覺上而言，也可以說是區塊與過濾器的「相似度」。

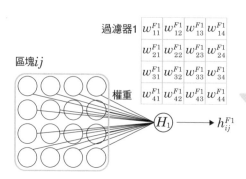

過濾器1

區塊ij

權重

根據過濾器F_1，式子（6）所計算出的結果$h_{ij}^{F_k}$，代表這個區塊含有多少比例的「過濾器1的樣式」（相似度）。

也就是說，過濾器的運作方式與第4章神經網路的特徵樣式相同！卷積神經網路的卷積層與前一章提到的神經網路一樣，都會從圖像中抽取出特徵樣式，也就是進行特徵抽取。而這個過濾器本身就是特徵樣式。

不過，卷積神經網路和前一章的神經網路有個很大的不同。

在前一章的神經網路中，一個unit會從整體圖像中抽取出一個特徵樣式。

而在卷積神經網路中，一個過濾器會從一個區塊中抽取出一個特徵樣式。

（註）如同我們在第4章中提到的，特徵樣式一般叫做特徵量。

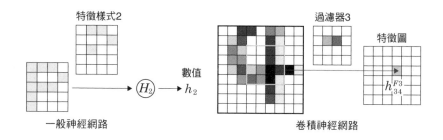

特徵樣式2

數值 h_2

過濾器3

特徵圖

h_{34}^{F3}

一般神經網路

卷積神經網路

特徵圖

接著要將位於隱藏層之「動態unit」H_k（本章中$k = 1, 2, 3$）計算出來的輸出整理成特徵圖。

以下以「動態unit」H_1為例進行說明。

區塊11～區塊66經「動態unit」H_1以公式（5）、（6）計算後，得到的計算結果h_{ij}^{F1}（$i = 1, 2, \cdots, 6$、$j = 1, 2, \cdots, 6$）為輸出。將其一一列出會很難閱讀，所以我們會將其整理成下方的表。這個有$6 \times 6 = 36$格的表，我們稱為特徵圖。

$$\begin{array}{|c|c|c|c|c|c|}
\hline
h_{11}^{F1} & h_{12}^{F1} & h_{13}^{F1} & h_{14}^{F1} & h_{15}^{F1} & h_{16}^{F1} \\
\hline
h_{21}^{F1} & h_{22}^{F1} & h_{23}^{F1} & h_{24}^{F1} & h_{25}^{F1} & h_{26}^{F1} \\
\hline
h_{31}^{F1} & h_{32}^{F1} & h_{33}^{F1} & h_{34}^{F1} & h_{35}^{F1} & h_{36}^{F1} \\
\hline
h_{41}^{F1} & h_{42}^{F1} & h_{43}^{F1} & h_{44}^{F1} & h_{45}^{F1} & h_{46}^{F1} \\
\hline
h_{51}^{F1} & h_{52}^{F1} & h_{53}^{F1} & h_{54}^{F1} & h_{55}^{F1} & h_{56}^{F1} \\
\hline
h_{61}^{F1} & h_{62}^{F1} & h_{63}^{F1} & h_{64}^{F1} & h_{65}^{F1} & h_{66}^{F1} \\
\hline
\end{array}$$

> 由unit H_1得到的特徵圖。每一格的數值皆代表某區塊與過濾器1的「相似度」。

假設隱藏層有三個「動態unit」H_1、H_2、H_3。這三個unit會分別計算出各自的特徵圖，故特徵圖合計有三張。這些特徵圖的集合，就叫做卷積層。

卷積層

> 各個過濾器的特徵圖集合在一起所構成的卷積層。

在隱藏層的三個「動態unit」的活躍下，可以得到三張特徵圖。將輸入層區塊化後，「權重」的數量會跟著減少，相對的輸出則變成三張特徵圖。（順帶一提，第4章的神經網路隱藏層的輸出為三個值）。

過濾器可以減少參數的使用

前面我們也有提到，利用過濾器建構卷積層有一大優點，那就是「可以減少參數的使用」。下表為前一章的神經網路與卷積神經網路中，隱藏層使用的參數數目比較。

參數	一般神經網路	卷積神經網路
權重	3×(9×9)＝243個	3×(4×4)＝48個
閾值	3個	3個
合計	246個	51個

（註）過濾器中的每個欄位皆有一個權重。

光是9×9像素的圖像，在使用過濾器之後，參數數目就可以降到那麼低。可想而知實際處理1000萬像素等級的圖像時，過濾器可以發揮出多大的效果。所以在使用過濾器之後，我們就可以有效率地壓縮資訊。

過濾器可簡化網路的結構

有件事和「節省參數數目」一樣重要。那就是加入過濾器之後，可以節省隱藏層的unit數。

要說明這種節省的效果，必須得先複習神經網路抽取特徵的機制。

如同我們在第4章中曾介紹過的，在一般神經網路中，一個隱藏層的unit會掃過整個圖像，形成「特徵樣式」，再由這個特徵樣式識別出圖像中有什麼東西。請看以下兩個圖例。

圖像1

圖像2

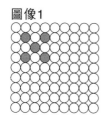

擁有同一樣式「×」，只是位置不同的圖像。

左右這兩張圖像雖然不同，但基本上擁有相同的樣式「×」，只是

位置不一樣而已。

　　如同我們剛才提到的，一般神經網路中，隱藏層的unit會掃過整個圖像。因此即使是同一個樣式「╳」，只要位置不一樣，就會被隱藏層的unit視為不同的「特徵樣式」。

　　然而對於神經網路來說，要抽取不同的特徵樣式，就需要準備不同的unit才行。所以即使是同一個特徵樣式「╳」，也需要準備不同的unit才能識別出來。

圖像1　　　　　　　圖像2

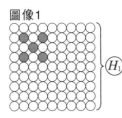 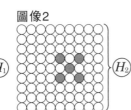

對一般神經網路來說，要抽取不同特徵時，需準備不同的unit H_1、H_2。

　　相對於此，卷積神經網路只要一個過濾器就可以解決了。也就是說，準備好下圖的過濾器，再用「動態unit」掃過整張圖就行了。

用一個這樣的過濾器，就可以同時找出上面兩張圖的同一個樣式。

　　這個過濾器在掃描過整張圖像後，會得到兩張圖像「擁有相同特徵樣式」的結果。這種可以節省unit的效率性，跟壓縮資訊一樣，都是卷積網路的重要性質。

4 卷積神經網路的池化層

～進一步壓縮卷積層資訊的池化層

在前一節（§3）中，我們提到卷積層可以壓縮圖像資訊。本節會用池化層繼續壓縮這些資訊。

複習前面的內容

接續前面的內容，讓我們繼續說明§1中提出的〔課題Ⅱ〕。

前一節（§3）中，我們說明了卷積層的建構方式。也就是計算出輸入層圖像佔有多少比例的過濾器樣式（相似度），再將其整理成特徵圖。

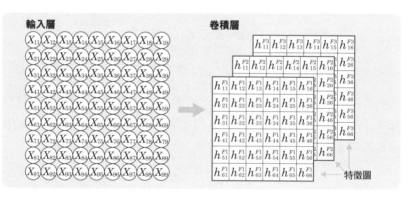

本節中將繼續說明隱藏層的另一個部分——池化層。

池化層

卷積層由「特徵圖」構成。如前所述，特徵圖的各欄位表示輸入層的區塊中佔有多少比例的「過濾器樣式」。簡單來說，特徵圖的每個欄位都表示一個區塊與過濾器的相似度。也就是將區塊的資訊壓縮成一個

數值，這個數值表示該區塊的過濾器樣式「佔比」或「相似度」。

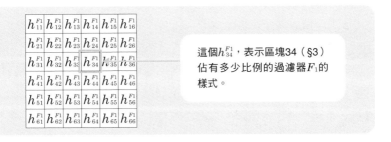

這個$h_{34}^{F_1}$，表示區塊34（§3）佔有多少比例的過濾器F_1的樣式。

不過處理實際圖像時，資訊量非常多，所以還得將這些資訊進一步壓縮才行，這就是池化層的功能了。

讓我們以隱藏層的「動態unit」H_1製作出來的特徵圖為例。如同我們在前一節中看到的，這個特徵圖有6×6個欄位。我們可以如下圖般將它劃分成多個2×2的區塊。

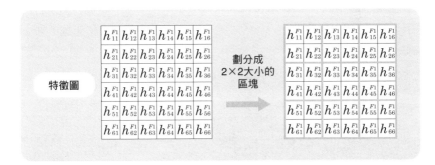

特徵圖　劃分成2×2大小的區塊

接著將各區塊的最大值視為該區塊的代表值選出，這麼一來就可以得到**池化表**了。

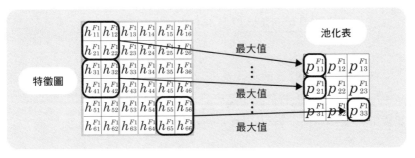

特徵圖　池化表　最大值

由圖中可以看出，這個操作可以將資訊量壓縮成原本的四分之一。

試著把這個操作寫成數學式吧。用數學中代表最大值的符號 Max，便可將上圖中的 p_{11}^{F1}、p_{33}^{F1} 表示如下（其他區塊也是如此）。

$$p_{11}^{F1} = \text{Max}\,(\,h_{11}^{F1}, h_{12}^{F1}, h_{21}^{F1}, h_{22}^{F1}\,) \quad \cdots (1)$$

$$p_{33}^{F1} = \text{Max}\,(\,h_{55}^{F1}, h_{56}^{F1}, h_{65}^{F1}, h_{66}^{F1}\,)$$

就這樣，我們可以藉由選取出各區塊中的最大值，壓縮卷積層的資訊，這種方法叫做**最大池化**（max pooling）。

（例） 下圖左邊是特徵圖，右邊是最大池化的結果。

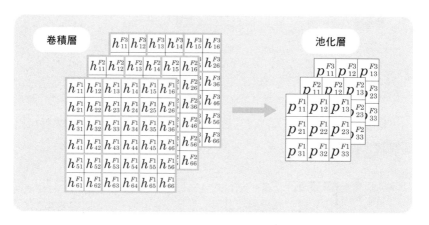

特徵圖

0.00	0.01	0.05	0.59	1.00	1.00
0.00	0.00	0.00	1.00	1.00	0.79
0.00	0.00	0.93	0.94	0.01	0.96
0.00	0.98	0.30	0.15	0.99	1.00
0.39	1.00	1.00	1.00	1.00	0.30
0.57	1.00	1.00	0.48	0.00	0.00

最大池化

池化表

0.01	1.00	1.00
0.98	0.94	1.00
1.00	1.00	1.00

接著對卷積層中的每個特徵圖執行上述操作。卷積層中的三張特徵圖皆可壓縮成大小為 3×3（＝9）池化表。由這些新的表格組成的層，稱為**池化層**。

卷積層特徵圖的各個欄位皆表示原區塊佔有多少比例的過濾器樣式。用最大池化法從特徵圖中選出最大值，就相當於在壓縮過濾器的佔比資訊。卷積神經網路就是這樣壓縮資訊的。

原圖像										卷積特徵圖							池化表		
0	0	11	206	253	247	228	0	0		0.00	0.01	0.05	0.59	1.00	1.00		0.01	1.00	1.00
0	0	198	125	11	2	238	0	0	壓縮	0.00	0.00	0.00	1.00	1.00	0.79	壓縮	0.98	0.94	1.00
0	0	11	0	0	96	137	0	0		0.00	0.00	0.93	0.94	0.01	0.96		1.00	1.00	1.00
0	0	0	51	225	254	62	0	0		0.00	0.98	0.30	0.15	0.99	1.00				
0	0	0	223	80	38	201	0	0		0.39	1.00	1.00	1.00	1.00	0.30				
0	0	0	0	0	16	173	0	0		0.57	1.00	1.00	0.48	0.00	0.00				
0	93	21	33	106	246	40	0	0											
0	182	254	246	142	32	0	0	0											
0	0	0	0	0	0	0	0	0											

以下是以圖片的方式來示意這個過程。圖中，顏色愈深，就表示資訊壓縮得愈厲害。

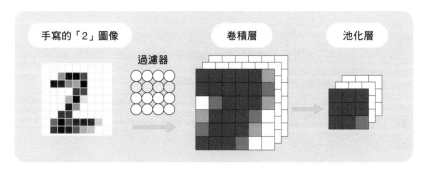

手寫的「2」圖像　　過濾器　　卷積層　　池化層

memo 各種池化法

本節解說中，使用最大池化的方式來建構池化層。不過除了最大池化之外，還存在著多種池化法。較著名的池化法如下表所示。

最大池化	採用區塊內最大值的壓縮方法。
平均池化	採用區塊內平均值的壓縮方法。
L2池化	假設有四個輸出 a_1、a_2、a_3、a_4，採用 $\sqrt{a_1{}^2 + a_2{}^2 + a_3{}^2 + a_4{}^2}$ 的壓縮方法。

5 卷積神經網路的輸出層

～認為輸出層 unit 為正解的信心程度

接著要看的是卷積神經網路的輸出層。這層的運作方式和上一章提到的一般神經網路相同，是整體網路的結論部分。

確認課題以及先前的內容整理

接續§4，讓我們繼續說明§1中的〔課題Ⅱ〕。

卷積神經網路與一般神經網路相同，基本結構分成輸入層、隱藏層、輸出層等三層。前一節中我們講完了隱藏層的功能，本節則會繼續說明下一層「輸出層」的運作。

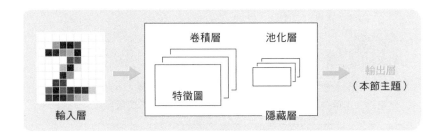

與一般神經網路的輸出層功能相同

卷積神經網路的輸出層功能和我們在第4章中曾介紹過的一般神經網路相同，會整合相鄰的池化層傳送過來的資訊，輸出整體神經網路的判斷結果。

〔課題Ⅱ〕的目的是識別手寫數字「1」～「4」，所以輸出層也需要四個 unit，設這四個 unit 名稱分別 Z_1、Z_2、Z_3、Z_4，它們的輸出分別為 z_1、z_2、z_3、z_4。

舉例來說，假設卷積神經網路讀入了正解為「1」的手寫數字。

與第4章中介紹的神經網路類似，輸出層第一個unit Z_1會在輸入數字「1」時產生反應，並無視其他數字。

第二個unit Z_2會在輸入數字「2」時產生反應，並無視其他數字。第三、第四個unit Z_3、Z_4依此類推。

由〔課題Ⅱ〕的題意可以知道，輸出層的unit為Sigmoid神經元。再由第4章介紹的神經網路可以類推，unit Z_1、Z_2、Z_3、Z_4的輸出可解釋成：

「認為輸入圖像是該unit負責之數字的信心程度。」

也就是說，unit Z_1、Z_2、Z_3、Z_4的輸出，代表的是卷積神經網路認為輸入圖像是「1」、「2」、「3」、「4」的信心程度。

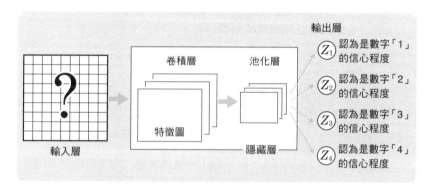

輸出層與池化層之間的連接方式為全連接

第4章中介紹的一般神經網路中，輸出層unit與相鄰之隱藏層的輸出之間為全連接。

同樣的，卷積神經網路中，輸出層unit與相鄰之池化層的各欄位之間也是全連接。

這種連接形態可有效運用隱藏層的「特徵抽取」結果。這個特性和第4章中提到的一般神經網路相同。

池化層

全連接

Z_1

Z_2

Z_3

Z_4

池化層中的每個池化表的每個欄位，皆以箭頭與輸出層每個unit相連。

讓我們試著用具體的數學式表示以上內容吧。請看以下的〔例題〕。

〔例題1〕試具體寫出§1的〔課題Ⅱ〕中，輸出層第一個unit Z_1 的輸入線性總和 s_1^O 與輸出 z_1。

（解）由輸入線性總和與輸出的定義，s_1^O 與 z_1 可表示如下。

$$s_1^O = w_{1\text{-}11}^{O1} p_{11}^{F1} + w_{1\text{-}12}^{O1} p_{12}^{F1} + \cdots + w_{1\text{-}33}^{O1} p_{33}^{F1}$$
$$+ w_{2\text{-}11}^{O1} p_{11}^{F2} + w_{2\text{-}12}^{O1} p_{12}^{F2} + \cdots + w_{2\text{-}33}^{O1} p_{33}^{F2}$$
$$+ w_{3\text{-}11}^{O1} p_{11}^{F3} + w_{3\text{-}12}^{O1} p_{12}^{F3} + \cdots + w_{3\text{-}33}^{O1} p_{33}^{F3} - \theta^{O1} \cdots（1）$$
$$z_1 = \sigma(s_1^O) \quad （\sigma 為 Sigmoid 函數）\cdots（2）$$

在這題例題的式子（1）中，第1行的總和描述了第1張池化表與unit Z_1 的全連接關係；第2行的總和描述了第2張池化表與unit Z_1 的全連接關係；第3行也一樣，不過最後還加上閾值的計算。

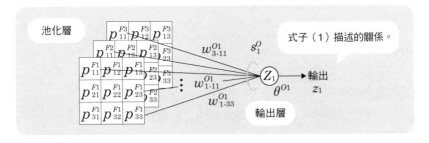

池化層

輸出層

式子（1）描述的關係。

輸出 z_1

再次確認式子（1）中各個權重與閾值的上下標，係數 $w_{k\text{-}ij}^{O1}$ 是unit Z_1 對第 k 張池化表中第 i 列第 j 行欄位的數值所賦予的權重。而 θ^{O1} 則是輸出層第1個unit的閾值。

權重

$w_{2\text{-}13}$ $O1$

$O1$表示是輸出層第一個神經元

2是池化表的編號

13是池化表的列編號與行編號

權重的意思。

　　雖然式子（1）、（2）看起來很複雜，不過因為是全連接，所以應該很清楚明白才對。知道這個式子（1）、（2）是怎麼建構出來的之後，一般化也會容易許多。結果可整理成以下公式。

令輸出層 unit Z_n 的輸入線性總和為 s_n^O、輸出為 z_n，可表示為以下的公式。

$$s_n^O = w_{1\text{-}11}^{On}\, p_{11}^{F1} + w_{1\text{-}12}^{On}\, p_{12}^{F1} + \cdots + w_{2\text{-}11}^{On}\, p_{11}^{F2} + w_{2\text{-}12}^{On}\, p_{12}^{F2} + \cdots$$
$$+ w_{3\text{-}11}^{On}\, p_{11}^{F3} + w_{3\text{-}12}^{On}\, p_{12}^{F3} + \cdots - \theta^{On} \quad \cdots（3）$$
$$z_n = a(s_n^O) \quad （a\text{為激勵函數}）\cdots（4）$$

（註）本書中，激勵函數 a 使用的是 Sigmoid 函數。

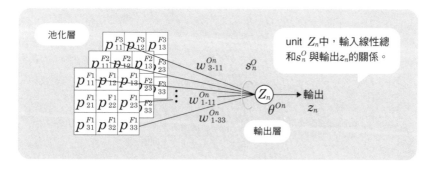

unit Z_n 中，輸入線性總和 s_n^O 與輸出 z_n 的關係。

池化層

輸出層

輸出 z_n

從輸入層到輸出層的整理

　　以上我們便完成了解〔課題Ⅱ〕所需要的卷積神經網路骨架。在深度學習中，卷積神經網路是核心的基本概念。本節的最後，將試著整合前面各節所介紹的內容。

　　先來看看各 unit 與各層之間的關係。

（註）圖中的輸入層 unit 名稱就是該 unit 輸出的變數名稱。

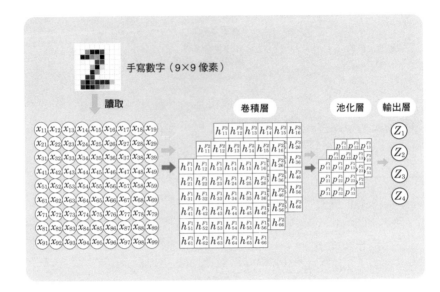

接著來看看各個變數之間的關係。

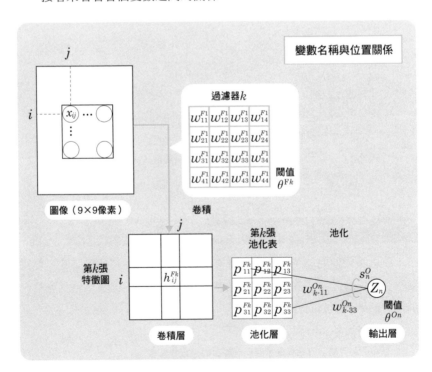

我們將上頁圖中用到的輸入變數、輸出變數、參數（權重與閾值）的名稱整理如下表。

輸入與輸出的變數	x_{ij}	表示輸入層第i列第j行unit的輸出的變數。通常輸入層不會改變資料。
	h_{ij}^{Fk}	卷積層第k張特徵圖的第i列第j行欄位的輸出。
	z_n	表示輸出層第n個unit的輸出的變數。
	s_{ij}^{Fk}	將輸入層劃分成許多小塊，編號為ij的區塊輸入至隱藏層第k個「動態unit」的「輸入線性總和」。
	s_n^O	輸出層第n個unit的「輸入線性總和」。
	p_{ij}^{Fk}	池化層第k個池化表的第i列第j行欄位。
參數	w_{ij}^{Fk}	隱藏層第k個unit所使用之過濾器的第i列第j行欄位。
	$w_{k\text{-}ij}^{On}$	輸出層第n個unit對池化層第k張池化表的第i列第j行欄位賦予的權重。
	θ^{Fk}	隱藏層第k個unit的閾值。
	θ^{On}	輸出層第n個unit的閾值。

本書的卷積神經網路中，只會用到一層卷積層與一層池化層。不過從這樣的架構可以看出，這樣的操作可以多次重複。實際處理圖像時，會建構多個卷積層與池化層交替出現，這樣我們才能用卷積神經網路來分析由數位相機拍攝、高達1000萬像素的圖像。我們在第2章§6中也有提到這點。

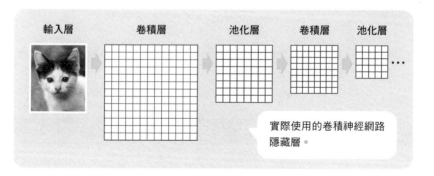

實際使用的卷積神經網路隱藏層。

6 卷積神經網路的目標函數

～最小化目標函數，就是卷積神經網路的「學習」

以上我們介紹了卷積神經網路中各變數的關係。接著本節將介紹如何決定這些變數的數值。

確認課題以及先前的內容整理

讓我們繼續說明§1中的〔課題II〕。

為了建構能解決這個課題的卷積神經網路，我們在前一節（§5）中說明了輸出層的輸出有什麼意義，以及輸出的計算方式。

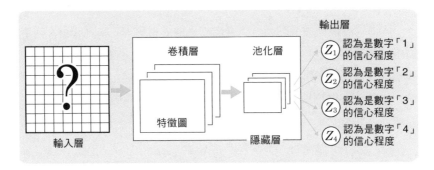

本節要說明的是如何由給定的訓練資料，決定神經網路中的各個參數（也就是過濾器、權重、閾值）。

確認輸出層的輸出

如同我們在前一節中（§5）看到的，當輸入手寫數字 n 到神經網路時，輸出層的unit Z_n（$n = 1, 2, 3, 4$）會產生反應；當輸入 n 以外的手寫數字時，unit Z_n 則會無視。如果 Z_n 是Sigmoid神經元，便可將其反應解釋成「信心程度」（如上圖）。

　　舉例來說，假設我們輸入手寫數字（正解為「1」）。理想狀況下，unit Z_1 應該會輸出1；若輸入的是其他手寫數字，Z_1 應該會輸出0。

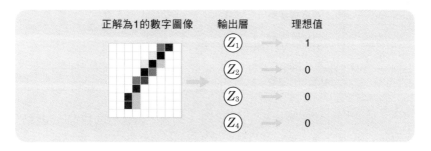

　　一般情況下的輸出整理如下表。

輸出層的輸出	理想值			
	圖像為1	圖像為2	圖像為3	圖像為4
Z_1	1	0	0	0
Z_2	0	1	0	0
Z_3	0	0	1	0
Z_4	0	0	0	1

確認正解的表現方式

　　用來訓練神經網路的資料會附上正解標籤（簡稱「標籤」）。本例中的標籤就是標註手寫數字圖像是多少。

 放大   正解 = 2

若要教導電腦這個手寫數字圖像是2，就必須附上正確資訊「2」。

　　如同我們在說明一般神經網路時提到的（第4章），我們會用正解變數來表示正解標籤的數值，如次頁表所示。這種做法在數學處理上比較方便，在寫電腦程式時也會方便許多。

正解變數	意義	手寫圖像			
		1	2	3	4
t_1	1的正解變數	1	0	0	0
t_2	2的正解變數	0	1	0	0
t_3	3的正解變數	0	0	1	0
t_4	4的正解變數	0	0	0	1

下圖為神經網路讀取到正解為「1」的數字圖像時的情況。正解變數就是unit $Z_1 \sim Z_4$的理想值。

簡單來說，正解變數的數值，就是輸出層unit的理想輸出值。

如何表現計算結果與正解之間的誤差

正解變數的數值是輸出層unit的理想輸出值。當我們將一張手寫數字圖像輸入至神經網路時，神經網路計算出來的結果與正解之間的誤差e，可由以下公式計算出來，稱為誤差平方和。

$$e = (t_1-z_1)^2 + (t_2-z_2)^2 + (t_3-z_3)^2 + (t_4-z_4)^2 \quad \cdots (1)$$

（註）在許多文獻中，會將這個式子（1）加上係數1/2。這是為了在計算微分時能更為簡潔。

我們在第4章§6的時候，就已經說明過會將誤差以「理想值與計算值的差的平方」來表示。

輸出層	輸出值	誤差平方C	正解
Z_1 →	z_1 →	$(t_1 - z_1)^2$ ←	t_1
Z_2 →	z_2 →	$(t_2 - z_2)^2$ ←	t_2
Z_3 →	z_3 →	$(t_3 - z_3)^2$ ←	t_3
Z_4 →	z_4 →	$(t_4 - z_4)^2$ ←	t_4

卷積神經網路的輸出與正解變數的關係。t_1、t_2、t_3、t_4是附加在數字圖像上的正解變數的值。

求算目標函數 E

由式子（1）的定義計算出來的結果與正解的誤差，是讀取一個數字圖像時得到的結果。若以整體訓練資料為對象時，則必須將這些誤差全部加起來才行。

設由式子（1）求得的第 k 個手寫數字圖像的誤差平方和為 e_k。那麼整體訓練資料的誤差平方和加總如下所示。

$$E = e_1 + e_2 + \cdots + e_{192} \quad \cdots （2）$$

（註）192為〔課題II：P140〕題目中的圖像張數。

由（2）計算出來的誤差平方和加總 E，就是評估卷積神經網路的學習成果的目標函數。目標函數是過濾器、權重、閾值的函數。

圖像① 正解1　圖像② 正解4　圖像③ 正解2　圖像④ 正解3 …

誤差 e_1	+	誤差 e_2	+	誤差 e_3	+	誤差 e_4	…

目標函數 ＝ 總和 E

如何將這個目標函數 E 最小化，就是下一個課題。

7 卷積神經網路的「學習」

～實際求算能最小化目標函數的過濾器、權重、閾值

本節將介紹如何決定卷積神經網路的過濾器、權重、閾值。讓我們用 Excel 實際操作看看。

確認課題以及先前的內容整理

讓我們繼續說明§1中的〔課題Ⅱ〕。

要解決這個課題需要用到卷積神經網路,而在前一節(§6)中,我們已經計算出了這個卷積神經網路的目標函數。

目標函數 $E = e_1 + e_2 + \cdots + e_{192}$ … (1)

本節將利用這個目標函數 E,由給定的訓練資料決定卷積神經網路(CNN)的各個參數。

卷積神經網路的「學習」

目標函數 E 是過濾器、權重、閾值的函數。如同我們在第4章說明「一般神經網路」時一樣,我們會透過最小化目標函數 E,來決定這個神經網路的各個參數,因為 E 是理論值與正解之間的差異的加總。我們曾經多次提到,在 AI 的世界中,這個將目標函數 E 最小化的過程就是所謂的「學習」。

到此我們已經說明完卷積神經網路的理論。剩下的工作就是實際去決定參數,讓這個目標函數 E 最小化。

決定參數時,一般會用到第7章介紹的「誤差反向傳播法」。但因為我們想快一點看到結果,所以這裡就先用我們熟知的 Excel 來試試看。

用Excel來「學習」

與一般神經網路的學習一樣，我們也可以用Excel來處理〔課題II〕的學習。接著就讓我們按照步驟實際算算看吧。

① 設定參數的初始值。

如下圖所示，我們先設定權重（包括過濾器）與閾值的初始值。

	A	B	C	D	E	F	G	H
1		手寫數字識別（未學習）						
12				F1	0.01	0.00	0.00	0.01
13					0.02	0.01	0.00	0.01
14					0.00	0.00	0.00	0.01
15					0.00	0.19	0.06	0.01
16		卷積層	過濾器	F2	0.01	0.01	0.01	0.01
17					0.00	0.01	0.00	0.01
18					0.03	0.06	0.01	0.01
19					0.14	0.01	0.01	0.04
20				F3	0.00	0.01	0.00	0.01
21					0.01	1.29	2.63	0.01
22					0.00	0.01	0.01	0.01
23					0.00	0.01	0.01	0.00
24			θ		22.95	12.89	3.59	

設定隱藏層的過濾器、閾值的初始值。可對照§3的表

設定輸出層的權重、閾值的初始值。可對照§5的表

	A	B	C	D	E	F	G	H
1		手寫數字識別（未學習）						
25				P1	0.00	0.00	0.00	
26					0.01	0.01	0.01	
27					0.01	0.00	0.01	
28			Z1	P2	0.00	0.01	0.01	
29					0.00	0.14	0.02	
30					0.01	0.00	0.00	
31				P3	0.00	0.01	0.01	
32					0.00	0.00	0.01	
33					0.01	0.01	0.00	
34				P1	0.01	0.00	0.00	
35					9.07	11.94	0.21	
36					0.01	0.01	6.66	
37			Z2	P2	0.00	0.01	0.01	
38					2.78	0.04	0.01	
39					10.29	0.00	0.01	
40				P3	0.01	0.00	0.01	
41		輸出層			0.00	0.01	0.01	
42					0.01	0.00	0.00	
43				P1	0.01	4.74	0.00	
44					0.00	0.00	6.06	
45					0.44	5.19	0.17	
46			Z3	P2	0.01	0.02	0.00	
47					0.01	0.01	0.01	
48					1.06	2.62	6.75	
49				P3	0.04	0.00	0.01	
50					1.13	0.01	0.00	
51					0.01	0.00	0.30	
52				P1	8.01	0.01	0.01	
53					0.01	0.00	0.01	
54					0.01	0.01	0.01	
55			Z4	P2	27.47	0.01	0.00	
56					0.00	0.00	0.00	
57					0.01	0.00	0.01	
58				P3	0.01	0.01	0.01	
59					0.01	0.01	0.00	
60					0.00	0.01	0.00	
61			θ		1.23	33.36	26.60	33.90

② 讀取訓練資料，填入 unit 間的關係式。

在工作表中讀取訓練資料。並將 §3～5 提到的 unit 間的關係式填入儲存格中。

下圖為第一個手寫數字圖像的處理方式。將題目中的其他手寫數字圖像依序往右排過去，共有192張圖像，全都用相同方式處理。

| L12 | ▼ | fx | =1/(1+EXP(-SUMPRODUCT($E$12:$H$15,L2:O5)+$E$24)) |

	E	F	G	H		K	L	M	N	O	P	Q
手寫數字識別（未學習）					編號	1						
輸入層							0	0	0	0	14	105
							0	0	0	0	51	109
							0	0	0	0	201	56
							0	0	0	0	241	2
							0	0	0	137	162	0
							0	0	5	253	23	0
							0	0	94	207	0	0
							0	0	253	68	0	0
							0	0	61	0	0	0

（輸入層 R S T 欄皆為 0）

正解t： 1 0 0 0

卷積層／過濾器	E	F	G	H		K（卷積層）	L	M	N	O	P	Q
F1	0.01	0.00	0.00	0.01		F1	0.00	0.00	0.00	1.00	0.00	0.00
	0.02	0.01	0.00	0.01			0.00	0.00	1.00	1.00	0.00	0.00
	0.00	0.00	0.00	0.01			0.00	0.05	1.00	0.00	0.00	0.00
	0.00	0.19	0.06	0.01			0.00	1.00	1.00	0.00	0.00	0.00
F2	0.01	0.01	0.01	0.01			0.02	1.00	0.01	0.00	0.00	0.00
	0.00	0.01	0.00	0.01			0.00	1.00	0.00	0.00	0.00	0.00
	0.03	0.06	0.01	0.01		F2	0.00	0.14	0.00	0.96	1.00	0.00
	0.14	0.01	0.01	0.04			0.00	0.11	1.00	1.00	1.00	0.00
F3	0.00	0.01	0.00	0.01			0.09	0.01	0.92	1.00	0.24	0.00
	0.01	1.29	2.63	0.01			0.20	0.01	1.00	1.00	1.00	0.00
	0.00	0.01	0.01	0.01			0.03	0.52	1.00	1.00	0.00	0.00
	0.00	0.01	0.01	0.00			0.00	1.00	1.00	0.00	0.00	0.00
θ	22.95	12.89	3.59			F3	0.03	0.45	1.00	1.00	0.10	
Z1 P1	0.00	0.00	0.00				0.05	0.89	1.00	1.00	0.06	
	0.01	0.01	0.01				0.24	0.97	1.00	0.93	0.03	
	0.01	0.01	0.01				0.79	1.00	1.00	0.20	0.03	
P2	0.00	0.01	0.00				1.00	1.00	1.00	0.06	0.03	
	0.00	0.14	0.02				1.00	1.00	0.34	0.03	0.03	
	0.01	0.00	0.00			P1（池化層）	0.00	1.00	0.00			
P3	0.00	0.01	0.01				1.00	1.00	0.00			
	0.00	0.01	0.01				1.00	0.01	0.00			
	0.01	0.01	0.01			P2	0.14	1.00	1.00			
Z2 P1	0.00	0.01	0.00				0.20	1.00	0.24			
	9.07	11.94	0.21				1.00	1.00	0.00			
	0.01	0.01	6.66			P3	0.89	1.00	1.00			
P2	0.00	0.00	0.00				1.00	1.00	0.93			
	2.78	0.04	0.01				1.00	1.00	0.06			
	10.29	0.00	0.01			輸出層	z1	z2	z3	z4		
P3	0.01	0.00	0.00				0.27	0.20	0.00	0.00		
輸	0.00	0.01	0.01			誤差e	0.57					

計算誤差平方和 e（§6）

輸入訓練資料的第1張圖像資料與正解。接著計算卷積神經網路的輸出（§3～§5）

③ 填入目標函數的計算式。

計算出各圖像之誤差平方和 e 的加總 E（也就是目標函數）。

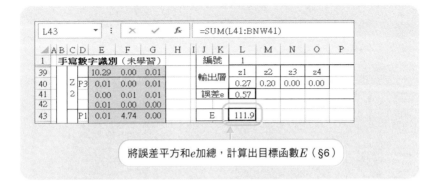

將誤差平方和 e 加總，計算出目標函數 E（§6）

④ 執行規劃求解。

參考下圖設定目標函數、參數，計算最小值。

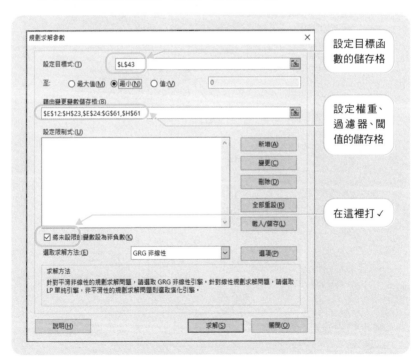

設定目標函數的儲存格

設定權重、過濾器、閾值的儲存格

在這裡打✓

觀察 Excel 的計算結果

做好以上準備後,執行規劃求解。可得到下圖般的結果。

(註)依電腦性能與環境的不同,處理時間也不一樣,有可能會等超過30分鐘。

▲	A	B	C	D	E	F	G	H	I
1			**手寫數字識別(已學習)**						
12				F	0.00	0.00	0.00	0.00	
13					0.00	0.01	0.00	0.00	
14					0.00	0.00	0.00	0.00	
15					0.02	0.15	0.06	0.02	
16		卷積層	過濾器	F2	0.00	0.00	0.00	0.00	
17					0.00	0.01	0.00	0.01	
18					0.01	0.06	0.00	0.01	
19					0.14	0.00	0.01	0.02	
20				F3	0.00	0.01	0.00	0.01	
21					0.01	1.29	2.63	0.04	
22					0.01	0.01	0.01	0.01	
23					0.01	0.01	0.01	0.00	
24			θ		22.95	12.89	3.59		

隱藏層的過濾器和閾值的值

輸出層的權重和閾值的值

▲	A	B	C	D	E	F	G	H
1			**手寫數字識別(已學習)**					
25				P1	0.00	0.01	0.00	
26					0.00	0.01	0.00	
27					0.00	0.00	0.00	
28			Z1	P2	0.00	0.00	0.01	
29					0.00	0.13	0.00	
30					0.00	0.01	0.00	
31				P3	0.00	0.00	0.01	
32					0.00	0.00	0.00	
33					0.00	0.00	0.00	
34				P1	0.00	0.00	0.00	
35					9.07	11.94	0.22	
36					0.00	0.01	6.66	
37			Z2	P2	0.00	0.00	0.00	
38					2.78	0.04	0.00	
39					10.29	0.00	0.01	
40		輸出層		P3	0.01	0.00	0.01	
41					0.00	0.01	0.01	
42					0.00	0.00	0.01	
43				P1	0.00	4.73	0.00	
44					0.00	0.00	6.06	
45					0.44	5.18	0.17	
46			Z3	P2	0.00	0.02	0.00	
47					0.00	0.00	0.00	
48					1.07	2.62	6.75	
49				P3	0.04	0.00	0.00	
50					1.12	0.00	0.00	
51					0.00	0.00	0.30	
52				P1	8.01	0.01	0.01	
53					0.01	0.00	0.00	
54					0.00	0.00	0.01	
55			Z4	P2	27.47	0.01	0.00	
56					0.00	0.01	0.00	
57					0.00	0.00	0.00	
58				P3	0.01	0.01	0.01	
59					0.01	0.00	0.00	
60					0.00	0.01	0.00	
61			θ		1.23	33.36	26.60	33.90

(註)依電腦性能與環境的不同,可能會出現不同的結果。

讓我們來看看目標函數 E 的數值吧。由以上結果可以計算得到:

$$E = 74.32$$

要評估目標函數 E 的值74.32是偏大還是偏小沒那麼容易。不過因為訓練資料只有192張像素數為 $9 \times 9 = 81$ 的圖片,且數值為 $0 \sim 255$,

所以這樣的 E 應該還算不錯。

（註）由這種方法得到的目標函數數值不保證是最小值。這是最佳化問題的宿命。

順帶一提，由給定訓練資料建構出神經網路後，將神經網路的預測結果與正解標籤對照，可以得到預測正確率（即準確率）如下。

準確率＝88%

在這個卷積神經網路中，我們只準備了三個過濾器。由這個條件看來，有將近九成的識別率應該還算不錯。

下圖為其中一個識別錯誤的訓練資料。

未能識別出正確數字的訓練資料（正解為「2」，卷積神經網路卻判斷為「4」）。

這個手寫數字2醜到用本章的簡易卷積神經網路也「很難正確判斷出是2」。可見這個字跡實在醜到讓人有些同情。

memo　AI 開發語言

AI是在電腦上運作的程式，程式需要用程式語言開發。而開發AI時，最多人用的程式語言就是 Python。因為這個語言備有多種開發AI時的必要工具，可以輕易上手。

但在本章是用Excel來建構卷積神經網路。Excel的優點是可以用工作表上的一個儲存格來表示一個unit，視覺上很直觀。但Excel在效能上有其極限。若要認真開發一個AI系統，Excel的威力可能不太夠，還是得仰賴Python之類的程式語言。

8 對卷積神經網路「學習」結果的解釋

～過濾器可確認圖像是否與特徵樣式一致

讓我們來看看前一節（§7）中計算出來的參數有什麼意義吧。我們在第4章分析神經網路時所得到的知識也會派上用場。

觀察過濾器的數值

首先讓我們看看卷積層過濾器內的數值吧。下表的形式與§3的解說相同。

過濾器1

0.00	0.00	0.00	0.00
0.00	0.01	0.00	0.00
0.00	0.00	0.00	0.00
0.02	0.15	0.06	0.02

過濾器2

0.00	0.00	0.00	0.00
0.00	0.01	0.00	0.01
0.01	0.06	0.00	0.01
0.14	0.00	0.01	0.02

過濾器3

0.00	0.01	0.00	0.01
0.01	1.29	2.63	0.04
0.01	0.01	0.00	0.01
0.01	0.01	0.01	0.00

將各個過濾器中較大的數值圈起來，便可將這三個過濾器單純化，得到以下的樣式。

過濾器1

過濾器2

過濾器3

> 底色顏色愈深，
> 就表示數值愈大。

這表示，若手寫數字圖像中，含有與這些過濾器的樣式一致的樣式，就會計算出較大的「輸入線性總和」，使「特徵圖」中的對應數值特別大。

（註）這和一般的神經網路一樣。其數學上的機制可參考附錄 I。

這個「特徵圖」的資訊經過池化步驟後會被濃縮，僅將相對較大的數值傳送給輸出層。輸出層收到這些數值之後，會判斷輸入圖像是哪個數字。也就是說，過濾器的樣式本身，就是識別圖像時所使用的特徵樣式（§3）。

下圖以過濾器3為例，說明以上提到的流程。

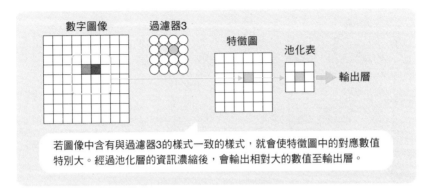

若圖像中含有與過濾器3的樣式一致的樣式，就會使特徵圖中的對應數值特別大。經過池化層的資訊濃縮後，會輸出相對大的數值至輸出層。

以上就是卷積神經網路識別圖像的機制。**只要善用過濾器這個工具，就可以識別出是哪種圖像**。之後我們會將過濾器1～3分別稱為特徵樣式1、特徵樣式2、特徵樣式3。

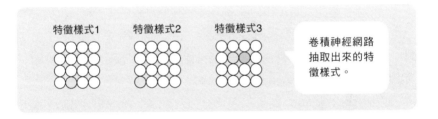

卷積神經網路抽取出來的特徵樣式。

卷積神經網路從圖像資料中抽取出特徵樣式的過程，稱為特徵抽取。我們在§3中也有說明過這點。

過濾器與輸出層unit間的關係

以上的特徵樣式光用看的也很難看出什麼端倪。所以接下來讓我們來看看整體神經網路是什麼樣子吧。

首先看的是輸出層unit Z_1～Z_4賦予池化層中三張池化表之各欄位的

權重,並將池化表中相對較大的數值圈起來。

(註)下表中的P1、P2、P3是池化層的池化表編號,表格的形式與§4中的說明相同。

Z_1賦予的權重

P1				P2				P3			
0.00	0.01	0.00		0.00	0.00	0.01		0.00	0.00	0.00
0.00	0.01	0.00		0.00	0.13	0.00		0.00	0.00	0.00
0.00	0.00	0.00		0.00	0.01	0.00		0.00	0.00	0.00

Z_2賦予的權重

P1				P2				P3			
0.00	0.00	0.00		0.00	0.00	0.00		0.01	0.00	0.01
9.07	11.94	0.22		2.78	0.04	0.00		0.00	0.01	0.01
0.00	0.01	6.66		10.29	0.00	0.01		0.00	0.00	0.01

Z_3賦予的權重

P1				P2				P3			
0.00	4.73	0.00		0.00	0.02	0.00		0.04	0.00	0.00
0.00	0.00	6.06		0.00	0.00	0.00		1.12	0.00	0.00
0.44	5.18	0.17		1.07	2.62	6.75		0.00	0.00	0.30

Z_4賦予的權重

P1				P2				P3			
8.01	0.01	0.01		27.47	0.01	0.01		0.01	0.01	0.01
0.01	0.00	0.00		0.00	0.01	0.00		0.01	0.00	0.00
0.00	0.00	0.01		0.00	0.01	0.00		0.00	0.01	0.00

接著讓我們來看看過濾器與輸出層之間的關係。

池化表是特徵圖濃縮後的樣子,所以上方的池化表一覽表也代表著 unit Z_1～Z_4 與「特徵圖」之間的關係。另外,如同先前討論的,「特徵圖」也代表了原圖像與過濾器的「相似性」。所以,過濾器、特徵圖、輸出層之間的關係便如次頁圖所示。

圖中將輸出層 unit Z_1～Z_4 與權重較大的池化表連接了起來。或者說,次頁示意圖中將關係較強的項目連接了起來。

由這張圖可以看出 Z_1～Z_4 分別是如何判斷出圖像中的數字。

譬如會對數字「2」產生反應的unit Z_2,與過濾器1、2有很強的連結。這表示unit Z_2主要用特徵樣式1與特徵樣式2來判斷圖像是不是數字「2」。

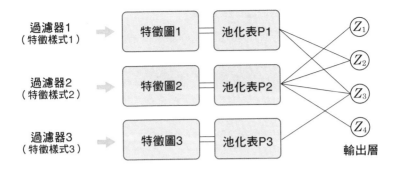

會對數字「3」產生反應的 unit Z_3，與過濾器1、2、3都有很強的連結。這表示 unit Z_3 是用特徵樣式1、2、3來判斷圖像是不是數字「3」。

會對數字「1」產生反應的 unit Z_1，以及會對數字「4」產生反應的 unit Z_4，都只和過濾器2有較強的連結。因此，他們會透過過濾器2以及沒什麼影響的過濾器1、3之間的微妙平衡，來判斷輸入的手寫數字是什麼。

由特徵圖重現原本的圖像

讓我們來看看輸出層的 unit 是如何判斷數字的吧。

以 unit Z_3 為例。由以下四個步驟的回溯，我們可以了解到 unit Z_3 如何評估輸入數字是否為3。

（ i ）觀察 unit Z_3 與池化表之間的關係

unit Z_3 會依照左頁表中的「Z_3 賦予的權重」，對池化表的各個要素賦予權重。舉例來說，讓我們來看看第一張池化表P1與 Z_3 之關係的示意圖。權重愈大的要素就愈重要，所以我們將池化表P1中，對 unit Z_3 貢獻較大的欄位圈起來。

池化表P1的　　　　Z_3 對池化表P1
主要素　　　　　　　賦予的權重

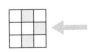

P1	0.00	4.73	0.00
	0.00	0.00	6.06
	0.44	5.18	0.17

池化表中被圈起的部分，表示對 unit Z_3 的貢獻比較大。

181

（ⅱ）觀察池化表與特徵圖間的關係

池化表中的各個數值，是壓縮特徵圖後得到的數值。也就是說，池化表可重現特徵圖的概要。下圖為步驟（ⅰ）所得到的池化表P1主要位置，由此可重現出特徵圖的主要位置。

池化表可重現出特徵圖的主要位置。

（ⅲ）觀察特徵圖與原圖像的關係

過濾器掃描原圖像之後，會將兩者的相似性整理成特徵圖。所以我們可以透過特徵圖與過濾器，還原出原圖像的概略樣子。

下圖為用步驟（ⅱ）重現的特徵圖1以及過濾器1，還原出來的原圖像概略形狀。

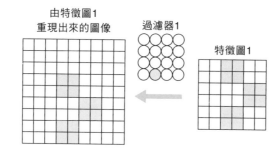

步驟（ⅰ）～（ⅲ）可整理如下。

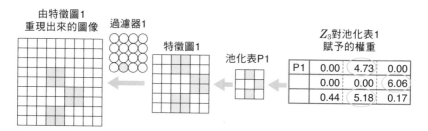

接著我們也將（ⅰ）～（ⅲ）的操作套用在特徵圖2、3。

由特徵圖2
重現出來的圖像

過濾器2

特徵圖2

池化表P2

Z_3對池化表2
賦予的權重

P2	0.00	0.02	0.00
	0.00	0.00	0.00
	1.07	2.62	6.75

由特徵圖3
重現出來的圖像

過濾器3

特徵圖3

池化表P3

Z_3對池化表3
賦予的權重

P3	0.04	0.00	0.00
	1.12	0.00	0.00
	0.00	0.00	0.30

（iv）將所有由特徵圖還原的圖像重疊起來

　　將步驟（iii）中，三張特徵圖得到的「重現圖像」重疊起來。

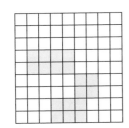

將所有重現圖像重疊起來。

　　這就是目標圖像。本節中建構的卷積神經網路所看到的數字「3」，其實是長成這個樣子。

　　讓我們比較看看上圖與實際的手寫數字範例「3」吧。上圖這個由「卷積神經網路」所看到的「3」，和實際的手寫圖像「3」下半部十分相似。依〔課題Ⅱ〕題意建構的卷積神經網路，從訓練資料中學到的「3」，就是長這個樣子。

9 測試卷積神經網路

～用新的手寫圖像來測試
建構完成的卷積神經網路能否回答出正解

我們成功建構出了 §1〔課題 II〕要求的卷積神經網路。本節就讓我們來看看這個神經網路能否正確判定新的數字圖像是多少吧。

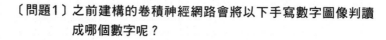

準備新的資料

我們用訓練資料建構出了能夠解決〔課題 II〕的卷積神經網路。但我們並不曉得這個神經網路能不能正確識別出訓練資料以外的資料。

這和學生準備考試的時候一樣。就算前一天學會如何解各種題目，也不保證學到的解題技巧可以用在隔天的考試上。

以下就讓我們用新的手寫數字圖像作為測試圖像，看看這個卷積神經網路能不能判斷出正確的數字吧。

〔問題1〕之前建構的卷積神經網路會將以下手寫數字圖像判讀成哪個數字呢？

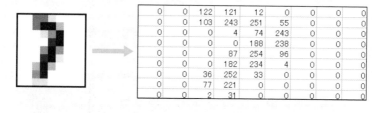

0	0	122	121	12	0	0	0	0
0	0	103	243	251	55	0	0	0
0	0	0	4	74	243	0	0	0
0	0	0	0	188	238	0	0	0
0	0	0	87	254	96	0	0	0
0	0	0	182	234	4	0	0	0
0	0	36	252	33	0	0	0	0
0	0	77	221	0	0	0	0	0
0	0	2	31	0	0	0	0	0

（解）運用 §7 計算出來、已學習完畢的參數（也就是過濾器、權重、閾值），計算輸出層 unit 的輸出。

輸出層	z1	z2	z3	z4
	0.23	0.00	0.00	0.00

輸出層各 unit 的輸出。

如上表所示，unit Z_1 的輸出最大。這表示卷積神經網路判斷「輸入的圖像是數字1」。由人類來判斷的話，大概也是數字「1」吧。在這個例子中，我們建構的卷積神經網路與人類的智慧做出了相同的判斷。

（解答結束）

〔問題2〕之前建構的卷積神經網路會將以下手寫數字圖像判讀成哪個數字呢？

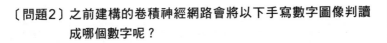

0	0	0	0	0	0	0	0	0
0	0	0	0	0	103	53	25	0
0	0	0	40	227	107	51	233	0
0	0	0	0	0	0	56	204	0
0	0	0	39	70	124	175	0	0
0	0	158	249	170	191	31	0	0
0	0	0	0	5	214	9	0	0
210	91	83	150	219	16	0	0	0
25	117	67	11	0	0	0	0	0

（解）與〔問題1〕一樣，計算輸出層 unit 的輸出。

輸出層	z1	z2	z3	z4
	0.26	0.19	0.79	0.00

輸出層各unit的輸出。

會對數字「3」產生反應的unit Z_3 輸出最大，這表示卷積神經網路判斷「輸入的圖像是數字3」。由人類來判斷的話，大概也是數字「3」吧。在這個例子中，我們建構的卷積神經網路與人類的智慧再次做出了相同的判斷。

（解答結束）

〔問題3〕之前建構的卷積神經網路會將以下手寫數字圖像判讀成哪個數字呢？

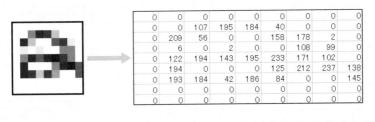

0	0	0	0	0	0	0	0	0
0	0	107	195	184	40	0	0	0
0	209	56	0	0	158	178	2	0
0	6	0	2	0	0	108	99	0
0	122	194	143	195	233	171	102	0
0	194	0	0	0	125	212	237	138
0	193	184	42	186	84	0	0	145
0	0	0	0	0	0	0	0	0
0	0	0	0	0	0	0	0	0

（解）與〔問題1〕一樣，計算輸出層 unit 的輸出。

輸出層	z1	z2	z3	z4
	0.23	0.00	0.00	0.00

輸出層各unit的輸出。

　　會對數字「1」產生反應的unit Z_1輸出最大，這表示卷積神經網路判斷「輸入的圖像是數字1」。由人類來判斷的話，大概會是數字「2」吧。在這個例子中，我們建構的卷積神經網路與人類的智慧做出了不同的判斷。

　　§7建構的卷積神經網路的回答準確率為88%。所以，若是筆跡有些醜陋，大概就沒辦法回答出正確答案了。

　　不過，還是有方法能夠輕鬆提高回答準確率。我們將在下一節（§10）中介紹這個方法。

---

memo 訓練資料、驗證資料、測試資料

　　在神經網路的領域，或者是範圍更大的機器學習領域中，會用到訓練資料和驗證資料。「訓練資料」是用來讓神經網路學習的資料。神經網路訓練完畢之後，再用「驗證資料」來評估這個神經網路的性能。

　　要是用驗證資料驗證這個神經網路時，得到的評價不太好的話，會怎麼做呢？這時候我們會建構新的模型，再用「訓練資料」訓練神經網路，最後再次用「驗證資料」評估神經網路的性能。

　　不過在反覆執行以上步驟後，即使用「驗證資料」可以得到良好評價，也不能保證代入實際資料時能得到很好的結果。就像如果考試一直考同一個問題，那麼學生就只會學習這個問題的解法，碰到其他問題時就沒辦法回答。這個問題就叫做過度學習。

　　為了避免這種情況發生，還需要準備測試資料。訓練完神經網路之後，最後要用「測試資料」來評估模型好壞才行。經過這三個階段的評估工作，才能較為客觀地評估一個模型。

10 如果容許參數為負

～推廣到負數之後，可以提高「學習」的精密度

在前面的章節中，我們在建構模型時使用的過濾器、權重、閾值皆不考慮負數。不過，如果想要「最佳化模型」的話，允許這些數值為負數也無不可。

使用負數的優點與缺點

前面之所以限制參數（過濾器、權重、閾值）為0以上的數值，是因為解釋上比較方便。譬如「權重可對應到箭頭的粗細」、「權重愈大，就代表愈重視該unit」、「閾值代表敏感度」等，可以用我們平常生活中會用到的語言說明這些數值。

在使用Excel計算時，我們也設定成不使用負數，如下圖所示（§7）。

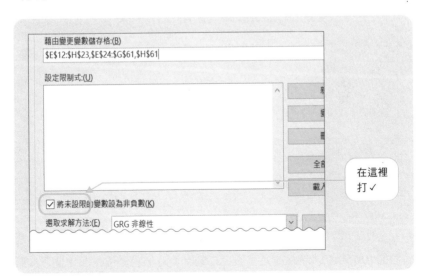

不過，當參數的可變動範圍較小時，就比較難找到適當的參數數值，建構出來的模型也比較難解釋資料。§7中建構的卷積神經網路的目標函數（數值 E）之所以那麼大（$E = 74.32$：參考 P176），其中一個原因也在於此。

容許參數為負數

如果將參數的意義視為次要，優先考慮模型解釋資料的能力，便可以容許參數為負數。將參數推廣到負數的世界後，可以讓卷積神經網路訓練起來更為容易。

那麼接下來，就讓我們試著在容許參數為負數的情況，依照§1〔課題 II〕的題目，建構出另一個卷積神經網路吧。

這裡同樣利用 Excel 來進行計算工作。此時即使參數的容許範圍改變，我們也可以在同一個工作表上訓練模型。

要變更的只有規劃求解的選項設定。只要將「將未設限的變數設為非負數」的 ✓ 取消掉即可，如下圖所示。

另外，計算的時候還需要將圖像資料的像素值縮小（本例中縮小為前例的100分之1）。這是為了避免指數計算時出現溢位狀況（參考本節最後的「memo」）。

觀察結果

做好以上準備後，就用之前的工作表（§7）進行最佳化吧。結果如下所示。

	A B C D	E	F	G	H
12	F1	-4.86	1.90	3.79	4.72
13		-10.90	-7.16	-2.61	-4.10
14		-9.23	-3.79	-3.75	-0.07
15		-10.96	-3.91	2.40	2.86
16	F2	3.83	2.42	6.25	4.87
17	卷積層 過濾器	-0.07	2.98	1.94	2.46
18		-4.73	-0.35	-0.98	3.19
19		-1.63	2.06	0.01	-1.68
20	F3	-2.36	-2.43	-0.46	-4.09
21		7.02	1.05	-2.55	-0.44
22		-8.22	5.07	4.56	-5.96
23		-4.84	7.66	2.14	-5.10
24	θ	-2.65	2.52	12.65	

隱藏層的過濾器與閾值的值

輸出層的權重與閾值的值

（註）使依電腦性能與環境的不同，可能會出現不同的結果。

	A B C D	E	F	G	H
25	P1	3.08	6.41	0.08	
26		3.79	4.05	7.24	
27		-0.18	6.11	10.29	
28	Z1 P2	-3.26	-4.52	-1.13	
29		-0.20	-2.60	-1.91	
30		-2.08	-2.21	-4.17	
31	P3	-4.01	4.18	-3.09	
32		0.00	1.94	-6.26	
33		1.77	4.13	-2.74	
34	P1	-1.09	5.28	3.75	
35		1.18	-3.72	-0.52	
36		-13.85	-3.98	-13.45	
37	Z2 P2	2.92	2.56	-1.64	
38		1.69	2.19	1.98	
39		-1.58	0.74	3.39	
40	P3	-4.71	0.42	2.04	
41		-0.32	0.27	-8.08	
42	輸出層	-11.41	-6.09	2.81	
43	P1	-0.26	-4.27	-4.29	
44		-2.55	2.61	-3.75	
45		10.95	-2.04	-4.57	
46	Z3 P2	1.17	-2.89	2.58	
47		-2.95	-0.53	-2.93	
48		0.20	-0.92	0.22	
49	P3	-15.30	-0.66	-2.27	
50		-9.22	0.23	10.12	
51		8.79	1.11	0.58	
52	P1	-2.29	0.27	-5.71	
53		-3.73	-2.23	-1.79	
54		7.57	5.52	0.96	
55	Z4 P2	-3.20	-0.14	2.09	
56		-3.53	-3.41	2.98	
57		-2.64	-2.59	-2.19	
58	P3	15.58	-0.03	3.29	
59		5.44	0.76	-3.34	
60		-0.78	1.80	-0.56	
61	θ	1.67	-0.88	2.82	2.59

由這些資料訓練出來的模型，與資料本身間的誤差總和為目標函數。經計算後可得到目標函數的數值如下。

$E = 4.06$

和規定參數非負數時的目標函數 $E = 74.32$（§7：參考 P176）相比，改善了不少，不到原本的一成。可見容許參數為負數時，可以得到

189

更適合這些訓練資料的模型。

這個結論也可以從準確率看出。若設定參數僅能是0以上的數值，準確率為88%（參考§7）。如果容許參數為負數，則準確率可以提高到98%。

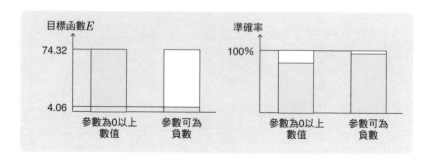

若容許參數為負數，會較難解釋模型

但是，負數的存在並非只有好處。要是容許負數存在的話，就很難解釋模型為什麼長這個樣子。為了說明這點，請看我們最後得到的參數值。譬如下表的過濾器、閾值的數值。

	A	B	C	D	E	F	G	H
12				F1	-4.86	1.90	3.79	4.72
13					-10.90	-7.16	-2.61	-4.10
14					-9.23	-3.79	-3.75	-0.07
15					-10.96	-3.91	2.40	2.86
16			過濾器	F2	3.83	2.42	6.25	4.87
17		卷積層			-0.07	2.98	1.94	2.46
18					-4.73	-0.35	-0.98	3.19
19					-1.63	2.06	0.01	-1.68
20				F3	-2.36	-2.43	-0.46	-4.09
21					7.02	1.05	-2.55	-0.44
22					-8.22	5.07	4.56	-5.96
23					-4.84	7.66	2.14	-5.10
24			θ		-2.65	2.52	12.65	

容許負數存在時的過濾器、閾值的值。「強度」、「粗度」、「敏感度」等解釋方式不適用於負數的世界。

過濾器的欄位中出現了負數。之前我們都將過濾器的欄位看成是「權重」，表示以箭頭相連的unit之間的關係強度。

但如果這個值是負數的話，就很難解釋它是什麼意義了。也就是說，我們很難說明為什麼卷積神經網路的判斷結果（參考第2章末的

「memo」）。

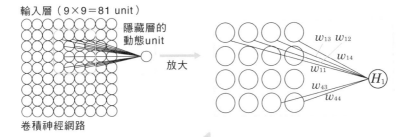

輸入層（9×9＝81 unit）

隱藏層的動態unit

放大

卷積神經網路

> 權重w代表隱藏層unit與輸入層unit之間的關係強度。但如果這個值是負數的話，就很難解釋這個「強度」有什麼意義了。

　　在許多情況下，我們很難明確說明深度學習是用哪些「判斷依據」做出結論。「使用負數作為參數」就是原因之一。為了建構出資料解釋能力更佳的卷積神經網路，引入負數作為參數是必要的舉動。但說明結論時會變得很困難。

用容許負數為參數的模型判斷未知圖像

　　前面提到，容許參數為負數時，模型與資料的誤差會變得比較小，準確率也會提升。就讓我們用以下的〔問題〕來確認這件事吧。

〔問題〕本節中建構的卷積神經網路會將以下手寫數字圖像判讀成哪個數字呢？

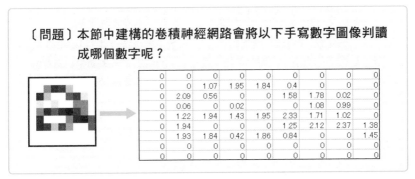

0	0	0	0	0	0	0	0	0
0	0	1.07	1.95	1.84	0.4	0	0	0
0	2.09	0.56	0	0	1.58	1.78	0.02	0
0	0.06	0	0.02	0	0	1.08	0.99	0
0	1.22	1.94	1.43	1.95	2.33	1.71	1.02	0
0	1.94	0	0	0	1.25	2.12	2.37	1.38
0	1.93	1.84	0.42	1.86	0.84	0	0	1.45
0	0	0	0	0	0	0	0	0
0	0	0	0	0	0	0	0	0

（解）處理方式與§9的〔問題3〕相同。用已學習完畢的參數（也就是過濾器、權重、閾值），計算輸出層 unit 的輸出，得到的結果如下一頁。

輸出層	z1	z2	z3	z4
	0.00	0.96	0.00	0.00

輸出層各unit的輸出。

　　會對數字「2」產生反應的unit Z_2輸出最大，這表示卷積神經網路判斷「輸入的圖像是數字2」。由人類來判斷的話，大概也是數字「2」吧。在這個例子中，我們建構的卷積神經網路與人類的智慧做出了相同的判斷。

（解答結束）

　　這個〔問題〕中的圖像在前一節（§9）中曾被誤判。可見當我們將參數推廣到負數領域時，原本只用「0以上的參數」判斷不出來的數字，也會變成判斷得出來。

---

memo 允許將像素值縮小到1/100倍的原因

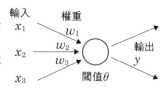

　　讓我們試著考慮如右圖般的unit。設三個輸入訊號分別是x_1、x_2、x_3，各輸入訊號的權重分別是w_1、w_2、w_3，閾值為θ，那麼unit的「輸入線性總和」s可計算如下。

$$s = w_1 x_1 + w_2 x_2 + w_3 x_3 - \theta$$

　　那麼，若將輸入訊號x_1、x_2、x_3乘上k倍，權重w_1、w_2、w_3乘上$\frac{1}{k}$倍，則上式的s數值仍然相同。

$$s = \frac{1}{k} w_1 (kx_1) + \frac{1}{k} w_2 (kx_2) + \frac{1}{k} w_3 (kx_3) - \theta$$

　　也就是說，不管輸入訊號x_1、x_2、x_3的尺度以多大或多小表示，只要改變權重的大小，就可以保持線性總和s的值不變。本節中將圖像的輸入訊號乘上1/100倍，不過這在數學上不會構成任何問題。

第6章

了解
遞歸神經網路的機制

遞歸神經網路（RNN）是第4章的神經網路
加上記憶功能後的產物。
在處理時間序列資料，也就是順序是關鍵的資料時，
遞歸神經網路是很好用的工具。
我們在第2章中，就曾用示意圖說明過遞歸神經網路，
本章將用數學式進一步說明其運作機制。

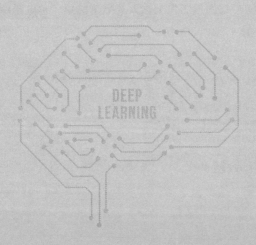

1 遞歸神經網路的概念

～稍微修正神經網路，使其擁有記憶功能

神經網路是很有彈性的模型。只要稍加改變，就能擁有新的能力。遞歸神經網路（RNN）就活用了這個特性。我們在第2章中，就曾用示意圖說明過其運作機制，本章將用數學式進一步說明。

神經網路的模型十分有彈性

　　人類的對話、物體的運動等資料，在時間上或空間上有一定的順序，因為每個要素之間存在著前後關係。這種要素彼此間的前後關係有意義的資料，稱為時間序列資料。

（例1）いよし（伊予市）、よいし（好的詩）、よしい（吉井：人名）
　　　　都是由「よ（yo）」、「い（i）」、「し（shi）」等三個日文組
　　　　成的詞，但順序不同時，詞的意思就不一樣。這就是時間序列
　　　　資料的一個例子。

　　前面提過的神經網路都不會用來處理時間序列資料。因為這些神經網路的結構並不包含時間序列的概念。不過，只要加上「遞歸」的機制，就可以用來處理時間序列資料了。

　　所謂的遞歸，指的是將先前輸入的處理結果（也就是輸出）再度輸入至同一個unit。在第2章中，我們把這個動作形容成「回聲」，本節將用數學式進一步說明這個機制。

　　我們會用以下的符號來表示unit的「遞歸」。

通常的unit　　　　遞歸的unit

遞歸unit的一種表示方式。

如圖所示，神經網路可以將先前的輸入轉換成現在的輸入。這種可以用來處理時間序列資料的神經網路就叫做遞歸神經網路（Recurrent Neural Networks，簡稱 RNN）。

（註）遞歸神經網路也稱為循環神經網路。

用具體的例子來思考

在智慧型手機中輸入字詞時，手機會在各位輸入前面的文字時，自動預測接下來的文字。處理這種問題的時候，遞歸神經網路可以發揮很大的作用。為了說明這個機制，讓我們先來看看以下這個課題。

〔課題Ⅲ〕試建構一個遞歸神經網路，使我們用「日文的平假名」輸入下表中的詞語時，可以用倒數第二個之前輸入的日文，預測出最後一個日文是什麼。

詞語（念法）	輸入的日文	最後一個日文
伊予市（いよし（地名））	「いよ」	し
意志よ（いしよ（意志啊））	「いし」	よ
良い詩（よいし（好的詩））	「よい」	し
吉井（よしい（人名））	「よし」	い
恣意よ（しいよ（恣意啊））	「しい」	よ
詩よい（しよい（詩很好））	「しよ」	い
詩よ（しよ（詩啊））	「し」	よ
葦（よし（葦））	「よ」	し

（註）這個〔課題Ⅲ〕的一部分亦為第2章中的範例。

我們可以用以下的例子來理解這個課題的意思。

（例2）試建構一個遞歸神經網路，使我們在輸入「良い詩（よいし）」的時候，輸入「よい」，就會自動預測出「し」。

用智慧型手機的輸入功能來解釋這個例子的話，可參考次頁的手機畫面示意圖。

以 unit 表示遞歸神經網路

第2章中，我們曾用下圖左邊的部分，說明遞歸神經網路是如何應對本節〔課題Ⅲ〕的問題。在這一章中我們將用更為一般化的方式解說，故會使用與左邊的圖等價的右圖。這就是遞歸神經網路的標準表現方式。

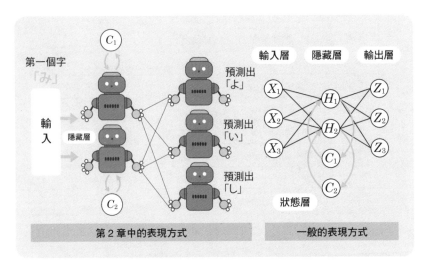

上圖的右邊部分中，輸入層 X_1、X_2、X_3是輸入文字資料用的unit。隱藏層則配置了兩個unit H_1、H_2。

（註）隱藏層的層數與unit的個數由設計者自由決定。之所以設定成兩個，是因為待解的問題相當單純。

圖中還畫出了unit C_1、C_2。unit C_1、C_2是負責將先前輸入的文字經隱藏層處理後的結果記憶下來的unit。C_1、C_2這種負責記憶的unit稱為上下文節點，也可以簡單稱其為「記憶」。而C_1、C_2亦統稱為狀態層（英語稱為state layer）。

（註）C是context的首字母，是英語中「上下文」的意思。另外，神經網路中的unit也叫做節點（node），是「打結處」、「節」的意思。

加了上下文節點後，神經網路就可以將前面處理的結果像回聲一樣傳回，再導入下一次的處理中。這就是遞歸神經網路的關鍵。

（註）遞歸神經網路有多種形式。這裡介紹的是最簡單的形式。

如何表示訓練資料

〔課題Ⅲ〕提供的訓練資料可整理如下。

預測材料	正解標籤
「いよ」	し
「いし」	よ
「よい」	し
「よし」	い
「しい」	よ
「しよ」	い
「し」	よ
「よ」	し

（註）關於預測材料與正解標籤，可參考第2章§3的說明。

那麼，在神經網路的領域中該如何表示這些資料呢？這裡我們會用言語分析中最常用的one-hot編碼來表示這些資料。資料中的基本文字包括「い」、「よ」、「し」，我們會用以下的形式表示。

$$「い」= \begin{pmatrix} 1 \\ 0 \\ 0 \end{pmatrix} 、「よ」= \begin{pmatrix} 0 \\ 1 \\ 0 \end{pmatrix} 、「し」= \begin{pmatrix} 0 \\ 0 \\ 1 \end{pmatrix} \cdots (1)$$

也可以把它寫成橫向，如下所示。

「い」=（1, 0, 0）、「よ」=（0, 1, 0）、「し」=（0, 0, 1）…（2）

事實上，前面的遞歸神經網路的圖，就是以這種表示形式為前提畫出來的。左端的輸入層 unit X_1、X_2、X_3 所組成的（X_1, X_2, X_3），可以對應到（1）或（2）的形式。請由以下例子確認這一點。

（例3） 文字「よ」能轉換成以下形式，再輸入至 unit X_1、X_2、X_3。

$$\begin{pmatrix} X_1 \\ X_2 \\ X_3 \end{pmatrix} = \begin{pmatrix} 0 \\ 1 \\ 0 \end{pmatrix}$$，也就是「X_1 代入 0、X_2 代入 1、X_3 代入 0」。

右端輸出層的 unit Z_1、Z_2、Z_3 的輸出也和輸入層一樣，可以用（1）或（2）的形式表示神經網路預測會輸出哪個文字。也就是說，輸出層的輸出意義如下。

$$\begin{pmatrix} Z_1 \\ Z_2 \\ Z_3 \end{pmatrix} = \begin{pmatrix} \text{最後一個日文是「い」的預測機率} \\ \text{最後一個日文是「よ」的預測機率} \\ \text{最後一個日文是「し」的預測機率} \end{pmatrix}$$

本書的神經元皆為 Sigmoid 神經元，輸出介於 0 和 1 之間，故可將輸出解釋成機率，相當方便。因為有這個特性，以及前面提到的「い」、「よ」、「し」等文字的表現形式（1），所以我們可以將 unit Z_1、Z_2、Z_3 的輸出解釋成「預測機率」。

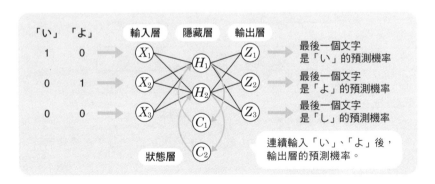

2 遞歸神經網路的展開圖

～展開後，更能明白遞歸神經網路的意義

遞歸神經網路的示意圖若是不習慣的話，便很難理解其意義。因此本書將利用遞歸神經網路的展開圖，說明其運作原理。

遞歸神經網路的展開圖

根據§1的〔課題Ⅲ〕，我們可以將遞歸神經網路表示成下方的圖。許多文獻都會使用這種表現方式。這樣方便我們看清楚這個網路遞歸的方式，也更容易掌握它的意圖。

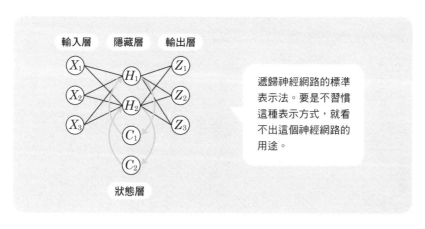

遞歸神經網路的標準表示法。要是不習慣這種表示方式，就看不出這個神經網路的用途。

但是，要是不習慣這種表示方式的話，就看不出這張圖到底想表達什麼。所以先讓我們試著展開這張圖吧。

在我們討論的〔課題Ⅲ〕中，作為處理對象的詞語最多含有三個文字。此時，上方的遞歸神經網路的圖與次頁的圖同義。也就是說，我們可以展開成兩個區塊。

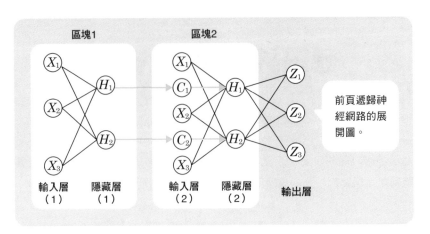

前頁遞歸神經路的展開圖。

區塊1的隱藏層（1）會處理第一個輸入的文字，並將結果傳送給區塊2的上下文節點。

當區塊2處理第二個文字時，會將上下文節點與輸入層的unit放在同一列。這就是將第一個文字的處理結果與第二個文字結合的機制。

順帶一提，如果待處理的詞語長度最多有四個字時，就會將上面的遞歸神經網路展開成區塊1～3，如下圖所示。

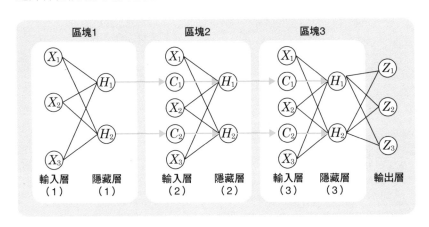

待處理的詞語長度愈長，配合其最大長度，遞歸神經網路圖就會展開得愈長。

和原本的圖相比，展開後的圖應該比較好理解吧？接著就讓我們用這個展開圖繼續說明下去吧。

3

遞歸神經網路中
各層的運作機制

～遞歸神經網路的運作機制基本上和一般神經網路相同

遞歸神經網路的名字聽起來有些複雜，但其實運作機制和第4章中提到的神經網路不會差太多。讓我們透過§1的〔課題Ⅲ〕，說明各層的實際運作方式吧。

遞歸神經網路的輸入層

首先說明文字的輸入方式。

在遞歸神經網路的展開圖中，先於區塊1的unit X_1、X_2、X_3 輸入詞語的第一個文字。如以下的〔例題〕所示。

〔例題1〕試著以圖片表示輸入「よいし（良い詩）」時，輸入第一個文字「よ」的過程。

（解）「よ」可表示成（0, 1, 0）（§1（1）），故輸入至區塊1輸入層的過程如下圖所示。

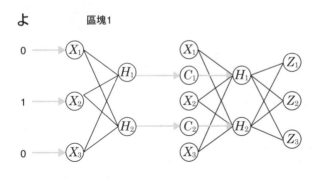

接著讓我們來看看區塊2的輸入層 unit X_1、X_2、X_3，並輸入詞語的第二個文字。如接下來的〔例題〕所示。

〔例題2〕試著以圖片表示輸入「よいし（良い詩）」時，輸入第二個文字「い」的過程。

（解）「い」可表示成（1, 0, 0）（§1（1）），故會輸入至遞歸神經網路從左數來第二個輸入層（區塊2），如下圖所示。

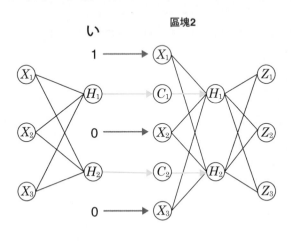

（註）〔課題Ⅲ〕中提到的詞語「しよ（詩啊）」、「よし（葦）」只有兩個文字，所以不會用到區塊2。

從以上兩個例子我們可以知道，輸入至區塊1輸入層的數值，與輸入至區塊2輸入層的數值並不相同。所以輸入層的變數名稱也應該要隨著區塊的不同而有所改變。

這裡我們可以在區塊1的輸入層 unit X_1、X_2、X_3的輸入 x_1、x_2、x_3加上 [1] 的符號，在區塊2的輸入層 unit X_1、X_2、X_3的輸入 x_1、x_2、x_3加上 [2] 的符號，如下所示。

與第一個文字有關的輸入：$x_1[1]$、$x_2[1]$、$x_3[1]$

與第二個文字有關的輸入：$x_1[2]$、$x_2[2]$、$x_3[2]$

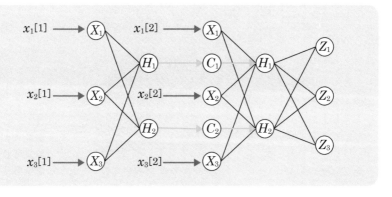

順帶一提，就像我們在第4章、第5章中提到的一樣，輸入層unit的輸入與輸出相同。所以這些代表輸入的變數名稱可以直接當作輸出的變數名稱。

（**例1**）區塊1的輸入層unit X_1，輸入與輸出皆可以表示為$x_1[1]$。

輸入   **輸出**   輸入變數與輸出變數名稱皆相同。
$x_1[1]$ ⟶ X_1 ⟶ $x_1[1]$

遞歸神經網路的隱藏層

和其他神經網路一樣，對於遞歸神經網路來說，隱藏層也是關鍵。讓我們來看看隱藏層的輸入與輸出吧。

隱藏層unit賦予輸入層unit的權重在不同區塊中都一樣，閾值也都一樣。

（**例2**）設區塊1的隱藏層unit H_1對區塊1的輸入層unit X_1賦予的權重是w_{11}^{H1}；區塊2的隱藏層unit H_1對區塊2的輸入層unit X_1賦予的權重是w_{11}^{H2}。此時這兩個權重大小相同，都可以表示成w_{11}^{H}。

$$w_{11}^{H1} = w_{11}^{H2} = w_{11}^{H}$$

將（例2）的規則一般化，可以將權重與閾值表示如下圖。θ_1^H、θ_2^H分別為unit H_1、H_2的閾值。

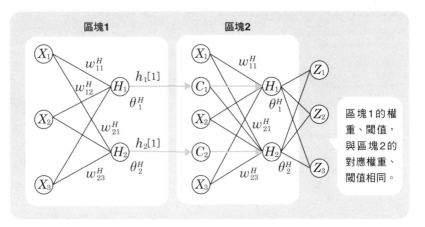

如圖所示，區塊1的 unit H_1、H_2 輸出分別可寫為 $h_1[1]$、$h_2[1]$。另外，雖然圖中沒有標示出來，不過區塊2的 unit H_1、H_2 輸出分別可寫為 $h_1[2]$、$h_2[2]$。這種表示方式與輸入層類似。

遞歸神經網路的狀態層

遞歸神經網路與其他神經網路最大的差異，就在於狀態層的存在。上方網路圖中的狀態層，便是由標示為 C_1、C_2 的「上下文節點」構成。

上下文節點的作用是將前一個區塊隱藏層 H_1、H_2 處理完的結果記憶下來。

讓我們試著用數學式來描述狀態層吧。設輸入至區塊2上下文節點 C_1、C_2 的值分別為 $c_1[2]$、$c_2[2]$，那麼它們和區塊1的隱藏層 H_1、H_2 的輸出 $h_1[1]$、$h_2[1]$ 存在以下關係。

$c_1[2] = h_1[1]$、$c_2[2] = h_2[1]$

上下文節點的輸出與輸入相同。在神經網路的圖中，這點從我們將上下文節點 C_1、C_2 放在和輸入層同一列便可得知。

整理以上描述，可以得到下一張圖。

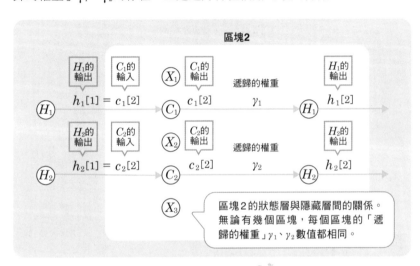

上下文節點會接收前一個區塊隱藏層的輸出，而且上下文節點的輸入與輸出值相同。

狀態層與隱藏層間的關係

區塊2的隱藏層 H_1、H_2 對上下文節點 C_1、C_2 賦予的「權重」，又稱為遞歸的權重。這裡我們將兩個「遞歸的權重」分別設為 γ_1、γ_2。「遞歸的權重」γ_1、γ_2 的存在，正是遞歸神經網路的最大特徵。

區塊2的狀態層與隱藏層間的關係。無論有幾個區塊，每個區塊的「遞歸的權重」γ_1、γ_2 數值都相同。

遞歸神經網路的輸出層

如同我們在第4章中提到的神經網路一樣，輸出層會整理來自隱藏層的所有輸出，然後再輸出整個神經網路的處理結果。

我們在 §1 中就有說明過輸出層 unit Z_1、Z_2、Z_3 的輸出意義，如次頁圖所示。

$$\begin{pmatrix} Z_1 \\ Z_2 \\ Z_3 \end{pmatrix} = \begin{pmatrix} \text{最後一個文字是「い」的預測機率} \\ \text{最後一個文字是「よ」的預測機率} \\ \text{最後一個文字是「し」的預測機率} \end{pmatrix}$$

輸出層 unit Z_1、Z_2、Z_3 對隱藏層各 unit 賦予的權重名稱，與我們在第4章中介紹的一般神經網路相同。閾值的表示方式也和第4章的神經網路相同。

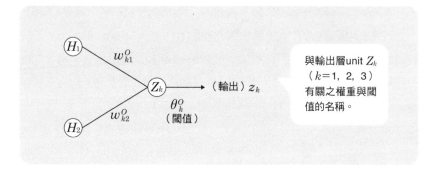

（與輸出層unit Z_k（$k=1$, 2, 3）有關之權重與閾值的名稱。）

用數學式
表示遞歸神經網路

～上下文節點是遞歸神經網路運算時的重點部分

讓我們試著用數學式來表示遞歸神經網路中 unit 之間的關係吧。這也可以幫助我們看出這種網路的「學習」方法。

確認前節內容以及轉為數學式的準備

接續之前的內容,讓我們透過 §1 列出的〔課題 Ⅲ〕,說明遞歸神經網路是什麼吧。本節將會用數學式來表示 unit 間的關係。

在寫出數學式之前,先讓我們用示意圖確認一下前面提過的變數位置與變數名稱吧。

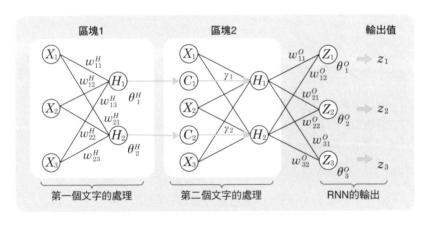

另外,圖中區塊 2 未標註的權重與閾值和區塊 1 相同。

用數學式來表示隱藏層、狀態層、輸入層的關係（區塊1）

先讓我們來看看區塊 1,也就是第一個文字的處理方式。區塊 1 處理資訊的方式與一般神經網路相同,所以不需要再多加說明。一般 unit 間

的關係可直接套用於此。

（區塊1的關係式）$j = 1, 2$，

unit H_j 的輸入線性總和：

$$s_j^H[1] = (w_{j1}^H x_1[1] + w_{j2}^H x_2[1] + w_{j3}^H x_3[1]) - \theta_j^H \cdots (1)$$

unit H_j 的輸出：$h_j[1] = a(s_j^H[1])$　（a 為激勵函數）$\cdots (2)$

（註）[1]代表區塊1，也就是「第一個文字」的處理工作。另外，本章使用的激勵函數仍為 Sigmoid 函數。

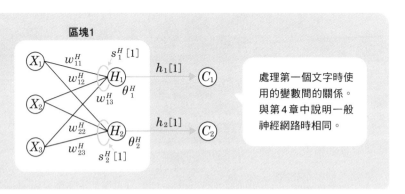

用數學式來表示隱藏層、狀態層、輸入層的關係（區塊2）

接著要說明的是區塊2處理資訊的方式。

區塊2的上下文節點會接收來自區塊1隱藏層的輸出 $h_1[1]$、$h_2[1]$。如同我們先前介紹的（§2），上下文節點的輸入為前一個區塊隱藏層的輸出，且會保持原樣直接輸出。

（上下文節點與區塊1的關係式）

$c_1[2] = h_1[1]$、$c_2[2] = h_2[1]$

再來要看的是隱藏層的處理方式。區塊2隱藏層的輸入包括unit X_i 的輸出，以及前面提到的上下文節點 C_j 的輸出 $c_j[2]$。如同我們在§2說過的，此時隱藏層unit對上下文節點賦予的「權重」γ_j $(j = 1, 2)$ 叫做「遞歸的權重」。

區塊2，處理第二個文字的變數間的關係。

由以上說明，可以將區塊2的隱藏層、輸入層、狀態層中，各unit的關係表示如下。

（區塊2的關係式）令 $j = 1, 2$，

unit H_j 的輸入線性總和：
$$s_j^H[2] = (w_{j1}^H x_1[2] + w_{j2}^H x_2[2] + w_{j3}^H x_3[2]) + \gamma_j c_j[2] - \theta_j^H \cdots（3）$$
unit H_j 的輸出：$h_j[2] = a(s_j^H[2])$ （a 為激勵函數）$\cdots（4）$

（註）[2]代表區塊2，也就是「第二個文字」的處理工作。

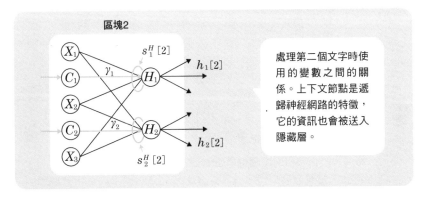

處理第二個文字時使用的變數之間的關係。上下文節點是遞歸神經網路的特徵，它的資訊也會被送入隱藏層。

用數學式表示輸出層與隱藏層間的關係

遞歸神經網路的輸出層與隱藏層的關係，與第4章中介紹的一般神經網路相同。

權重 w_{k1}^O　　輸出值

s_k^O

θ_k^O 閾值

z_k

輸出層與隱藏層的關係圖。

因此，輸出層與輸入層中各unit的關係可表示如下。

（輸出層的處理）令 $k = 1, 2, 3$，

Z_k 的輸入線性總和：$s_k^O = (w_{k1}^O \, h_1[2] + w_{k2}^O \, h_2[2]) - \theta_k^O$

Z_k 的輸出：$z_k = a(s_k^O)$ 　　　（a為激勵函數）

用數學式描述具體的例子

說了這麼多，接著讓我們用具體例子確認unit間的關係。

〔問題〕〔課題Ⅲ〕中，在輸入「いしよ（意志よ）」的時候，輸
　　　　入「い」、「し」時，神經網路應該能預測出下一個字是
　　　　「よ」。試寫出這個過程中的所有數學式。設激勵函數為
　　　　Sigmoid函數 σ。

（解）先來看看輸入第一個文字「い」時的處理過程。請由次頁的圖確
認各個變數的關係。

memo 假設 $c_1[1] = 0$、$c_2[1] = 0$，計算上會比較容易

如同我們在神經網路圖中所看到的，區塊1沒有上下文節點 C_1、
C_2。不過，如果假設它們的輸入輸出為 $c_1[1]$、$c_2[1]$，如下方般思
考，在用電腦計算時會方便許多。

$c_1[1] = 0$、$c_2[1] = 0$

如此定義之後，我們就不需要將區塊1和區塊2分開來處理了。實
際上，可以將式子（1）、（3）整合成同一個式子，如下所示。

unit Hj 的輸入線性總和：$j = 1, 2$、$n = 1, 2$

$$s_j^H[n] = (w_{j1}^H x_1[n] + w_{j2}^H x_2[n] + w_{j3}^H x_3[n]) + \gamma_j c_j[n] - \theta_j^H$$

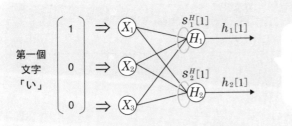

確認區塊 1 的輸入與 $s_1^H[1]$、$s_2^H[1]$ 之間的關係。

這個處理和一般神經網路的情況相同。

層	輸入、輸出	輸入、輸出
輸入層	輸入、輸出	$(x_1, x_2, x_3) = (1, 0, 0)$
隱藏層	輸入	$s_1^H[1] = (w_{11}^H \cdot 1 + w_{12}^H \cdot 0 + w_{13}^H \cdot 0) - \theta_1^H = w_{11}^H - \theta_1^H$ $s_2^H[1] = (w_{21}^H \cdot 1 + w_{22}^H \cdot 0 + w_{23}^H \cdot 0) - \theta_2^H = w_{21}^H - \theta_2^H$
	輸出	$h_1[1] = \sigma(s_1^H[1])$、$h_2[1] = \sigma(s_2^H[1])$

接著，上下文節點會收到「隱藏層處理完第一個文字後的輸出 $h_1[1]$、$h_2[1]$」。

層	輸入、輸出	輸入、輸出
狀態層	輸入、輸出	$c_1[2] = h_1[1]$、$c_2[2] = h_2[1]$

再來要處理的是第二個文字「し」。請確認隱藏層如何處理上下文節點的輸出 $c_1[2]$（$= h_1[1]$）、$c_2[2]$（$= h_2[1]$）。

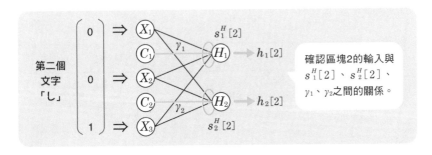

確認區塊2的輸入與 $s_1^H[2]$、$s_2^H[2]$、γ_1、γ_2之間的關係。

層	輸入、輸出	輸入、輸出
輸入層	輸入、輸出	$(x_1, x_2, x_3) = (0, 0, 1)$
隱藏層	輸入	$\begin{aligned} s_1^H[2] &= (w_{11}^H \cdot 0 + w_{12}^H \cdot 0 + w_{13}^H \cdot 1) + \gamma_1 \cdot c_1[2] - \theta_1^H \\ &= w_{13}^H + \gamma_1 \cdot c_1[2] - \theta_1^H \\ s_2^H[2] &= (w_{21}^H \cdot 0 + w_{22}^H \cdot 0 + w_{23}^H \cdot 1) + \gamma_2 \cdot c_2[2] - \theta_2^H \\ &= w_{23}^H + \gamma_2 \cdot c_2[2] - \theta_2^H \end{aligned}$
	輸出	$h_1[2] = \sigma(s_1^H[2])$、$h_2[2] = \sigma(s_2^H[2])$

最後要確認的是輸出層的輸出。這也和一般神經網路的情況相同。請確認下圖。

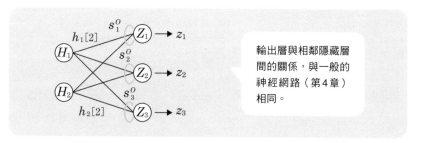

輸出層與相鄰隱藏層間的關係，與一般的神經網路（第4章）相同。

參考上圖，可以將它們的關係表示如下。

層	輸入、輸出	輸入、輸出
輸出層	輸入	$\begin{aligned} s_1^O &= (w_{11}^O h_1[2] + w_{12}^O h_2[2]) - \theta_1^O \\ s_2^O &= (w_{21}^O h_1[2] + w_{22}^O h_2[2]) - \theta_2^O \\ s_3^O &= (w_{31}^O h_1[2] + w_{32}^O h_2[2]) - \theta_3^O \end{aligned}$
	輸出	$z_1 = \sigma(s_1^O)$、$z_2 = \sigma(s_2^O)$、$z_3 = \sigma(s_3^O)$

以上列出的表，就是這個〔問題〕的回答。　　　　　　　　（解答結束）

5 遞歸神經網路的目標函數

～目標函數的建構方式與一般神經網路相同

至此，我們已做好讓遞歸神經網路從資料中「學習」的準備。本節將介紹如何決定一個遞歸神經網路模型。

計算能使模型最佳化的目標函數

讓我們繼續說明§1所提到的〔課題Ⅲ〕。

在此之前我們說明過了unit間的關係。知道這些關係之後，寫出目標函數就不難了。

由第4章與第5章的說明可以知道，一般而言，目標函數指的是資料與用以說明資料之模型間的誤差，且以參數表示的函數。就神經網路來說，目標函數就是權重與閾值的函數。

接著就讓我們算算看這個目標函數吧。

遞歸神經網路的「學習」基本上也屬於「監督學習」。「監督學習」的訓料資料由預測材料與正解標籤組成。在我們目前討論的〔課題Ⅲ〕中，正解標籤就是詞語的「最後一個文字」。

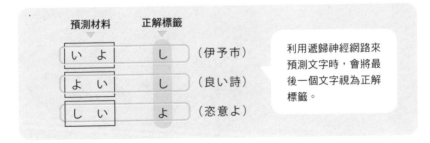

預測材料	正解標籤	
い よ	し	（伊予市）
よ い	し	（良い詩）
し い	よ	（恣意よ）

利用遞歸神經網路來預測文字時，會將最後一個文字視為正解標籤。

〔註〕關於預測材料與正解標籤，請參考第1章§5。

如同我們在說明一般神經網路時提到的，為求便利，我們會用「正解變數」t來表示正解標籤。依照課題的題目與資料形式（§1（1）、（2）），這個變數t的數值如下。

文字	「い」	「よ」	「し」
t_1	1	0	0
t_2	0	1	0
t_3	0	0	1

如同我們在第3章、第4章中描述的，善用這個正解變數，便能用相對簡單的形式來表示遞歸神經網路的輸出與正解間的誤差（誤差平方和）。

$$誤差平方和\ e = (t_1 - z_1)^2 + (t_2 - z_2)^2 + (t_3 - z_3)^2 \quad \cdots （1）$$

（註）許多文獻中會再加上係數1/2。這是為了在計算微分時能更為簡潔。不過本章不會提到微分，所以直接使用（1）的形式。

這裡的z_1、z_2、z_3分別是輸出層unit Z_1、Z_2、Z_3的輸出。請由以下的例子確認式子（1）的意義。

（例） 在輸入「しよい（詩良い）」的「しよ」後，正解標籤為「い」（$=（1, 0, 0）$）。設此時輸出層unit Z_1、Z_2、Z_3的輸出為z_1、z_2、z_3，那麼誤差平方和可表示如下。

$$誤差平方和\ e = (1 - z_1)^2 + (0 - z_2)^2 + (0 - z_3)^2$$

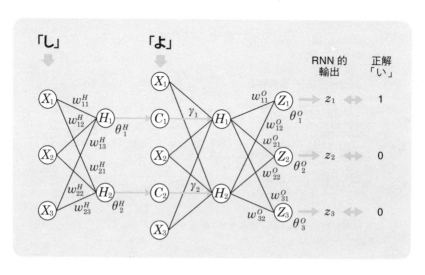

用式子（1）求出所有資料的誤差平方和 e，再全部加總起來，就可以得到表示誤差總和的目標函數 E。

$$E = e_1 + e_2 + \cdots + e_8 \quad \cdots (2)$$

設 e_k 為〔課題Ⅲ〕的表（再次列於下方）中，由上算起的第 k 個詞語的誤差平方和（式子（1）），則 e_k 可以表示成下列式子（$k = 1, 2, \cdots, 8$）。

$$e_k = (t_1[k] - z_1[k])^2 + (t_2[k] - z_2[k])^2 + (t_3[k] - z_3[k])^2 \quad \cdots (3)$$

這個式子（3）中，$t_1[k]$、$t_2[k]$、$t_3[k]$ 為第 k 個詞語的正解標籤；$z_1[k]$、$z_2[k]$、$z_3[k]$ 則是輸入第 k 個資料至神經網路後，輸出層 unit 的輸出。這個表示方式也和一般神經網路相同（第4章）。

這裡讓我們再確認一下第 k 個資料的正解標籤（簡稱標籤）分別是什麼。

k	詞語（念法）	輸入的日文	正解
1	伊予市（いよし（地名））	「いよ」	し
2	意志よ（いしよ（意志啊））	「いし」	よ
3	良い詩（よいし（好的詩））	「よい」	し
4	吉井（よしい（人名））	「よし」	い
5	恣意よ（しいよ（恣意啊））	「しい」	よ
6	詩よい（しよい（詩很好））	「しよ」	い
7	詩よ（しよ（詩啊））	「し」	よ
8	葦（よし（葦））	「よ」	し

（註）我們之前也有用「[k]」來描述不同區塊的輸入層、隱藏層、狀態層輸出。不過這兩種 k 的意義不同、使用的地方也不一樣，請不要搞混。

經過以上步驟後，便可計算出目標函數。接下來的目標則是尋找適當的參數（也就是權重與閾值），將式子（2）的目標函數 E 降至最小。這就是遞歸神經網路的「學習」過程。

6 遞歸神經網路的「學習」

～計算出能最小化目標函數的權重與閾值

前一節中我們得出了目標函數。接著就讓我們實際用這個目標函數來決定遞歸神經網路吧。

用Excel來表現遞歸神經網路

前面我們介紹了遞歸神經網路的機制和決定模型的方式。不過要實現這種模型決定方式，需要電腦來幫我們計算。接下來讓我們和之前一樣，試著用Excel來計算出適當的參數吧。

用Excel這種試算表軟體來計算時，可以直觀地表現出簡單的神經網路。因為試算表軟體的一個儲存格，剛好可以對應到神經網路的一個unit。

不過，在遞歸神經網路中，隱藏層unit的「加權總和」與「輸入線性總和」十分重要，因為上下文節點的輸出會作用在這些加總後的數值上。

所以，本節會放棄「一個儲存格對應一個unit」的原則，在計算的過程中，明示中間計算出來的總和。這麼做有助於我們看出狀態層的運作機制。

遞歸神經網路的「學習」

接著讓我們依照步驟，實際來算算看吧。

① 設定權重與閾值的初始值。

本節的遞歸神經網路中，「遞歸的權重」十分重要。請將遞歸的權重及其他參數的初始值設定如次頁圖中所示。

▲	A B	C	D	E	F	G	H
1	預測最後一個文字						
7	權重與閾值						
8			X1	X2	X3	C	閾值
9	隱藏層	H1	3.04	16.21	8.04	65.20	9.58
10		H2	7.94	8.91	21.42	4.98	12.64
11							
12			H1	H2	閾值		
13	輸出層	Z1	78.90	96.50	83.90		
14		Z2	-74.30	-6.04	-9.56		
15		Z3	36.03	-41.31	-6.51		

設定「遞歸的權重」的初始值

設定適當的初始值。初始值對計算結果的影響很大

② **就最初的詞語「いよし（伊予市）」，在對應的儲存格內填入關係式。**

下圖中，「C」為狀態層、「H」為隱藏層、「和」為不計算閾值的「加權總和」（§3）、「S」為「輸入線性總和」。另外，「誤差e」為誤差平方和。

左側（A～H欄）

▲	A B	C	D	E	F	G	H
1	預測最後一個文字						
2			いよし				
3		表	い	よ	し		
4		1	1	0	0		
5		2	0	1	0		
6		3	0	0	1		
7	權重與閾值						
8			X1	X2	X3	C	閾值
9	隱藏層	H1	3.04	16.21	8.04	65.20	9.58
10		H2	7.94	8.91	21.42	4.98	12.64
11							
12			H1	H2	閾值		
13	輸出層	Z1	78.90	96.50	83.90		
14		Z2	-74.30	-6.04	-9.56		
15		Z3	36.03	-41.31	-6.51		
25						○	
26							8.61
27				目標函數 E			8.61

填入§4中說明過的關係式

誤差平方和（§5式子(3)）

右側（I～O欄）

			M(1)	N(2)	O(3)	
1				文字數		
2		1	いよし	3		
3				い	よ	し
4	輸	1		1	0	0
5	入	2		0	1	0
6	層	3		0	0	1

隱藏層

		1	2	3
和	H1	3.04	16.21	
	H2	7.94	8.91	
C	C1	0.00	0.00	
	C2	0.00	0.01	
S	H1	-6.54	6.72	
	H2	-4.70	-3.68	
輸出	H1 0	0.00	1.00	
	H2 0	0.01	0.02	

輸出層

		1	2	3
S	Z1		-2.73	
	Z2		-64.80	
	Z3		41.49	
輸出	Z1		0.06	
	Z2		0.00	
	Z3		1.00	

誤差e	誤差e
	0.00

217

③ 將②的函數往右複製到8個詞語中的對應欄位。

用②的方式處理其他〔課題Ⅲ〕給定的詞語。

④用規劃求解計算目標函數。

步驟③已計算出了所有詞語的誤差平方和 e。所以接著只要再計算所有 e 的總和，就可以得到目標函數 E。

將「設定目標式」設為目標函數所在的儲存格，然後執行規劃求解。

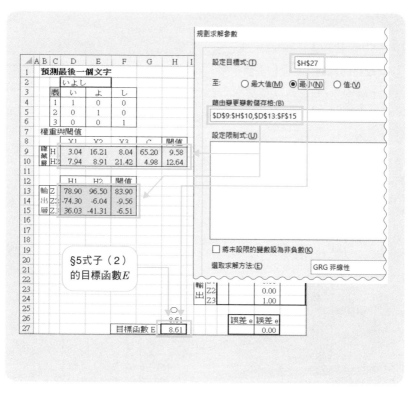

（註）本節的計算容許參數為負。

次頁的圖為規劃求解的執行結果。

	A	B	C	D	E	F	G	H
1	預測最後一個文字							
7	權重與閾值							
8				X1	X2	X3	C	閾值
9	隱藏層		H1	3.02	18.29	2.53	65.06	16.88
10			H2	7.92	8.52	21.55	4.91	13.44
11								
12				H1	H2	閾值		
13	輸出層		Z1	72.83	90.10	96.13		
14			Z2	-66.62	-4.67	-12.99		
15			Z3	10.98	-74.34	-5.70		

最佳化後的權重與閾值。初始值對於計算結果的影響很大，要特別注意

此時，目標函數 E 的值為0。由此可以看出，遞歸神經網路模型和資料十分契合。

測試學習完畢的遞歸神經網路

接著讓我們來測試看看，已經訓練完畢的遞歸神經網路是否能正確運作。

memo　計算誤差平方和時很方便的 SUMXMY2

Excel中的SUMXMY2函數在計算誤差平方和時十分方便，請確認以下例子。

（例）$(x, y) = (0.9, 0.1)$、$(a, b) = (0.8, 0.3)$，那麼我們可以用SUMMXY2函數計算「差的平方和」e。

$$e = (x-a)^2 + (y-b)^2$$

B3			× ✓ f_x	=SUMXMY2(B1:B2,D1:D2)		
	A	B	C	D	E	F
1	x	0.9	a	0.8		
2	y	0.1	b	0.3		
3	e	0.05				

SUMMXY2函數名稱源自於「X 減（Minus）Y 的 2 次方加總（SUM）」的套色文字部分。

下圖表示欲輸入「よいし（良い詩）」時，在輸入「よい」後，神經網路的預測情形。輸出層中，預測下一個字是「し」的unit Z_3的輸出最大，所以可以預測出正確的結果「し」。在這個例子中，目標函數的數值為0，所以會有這樣的結果也是理所當然。

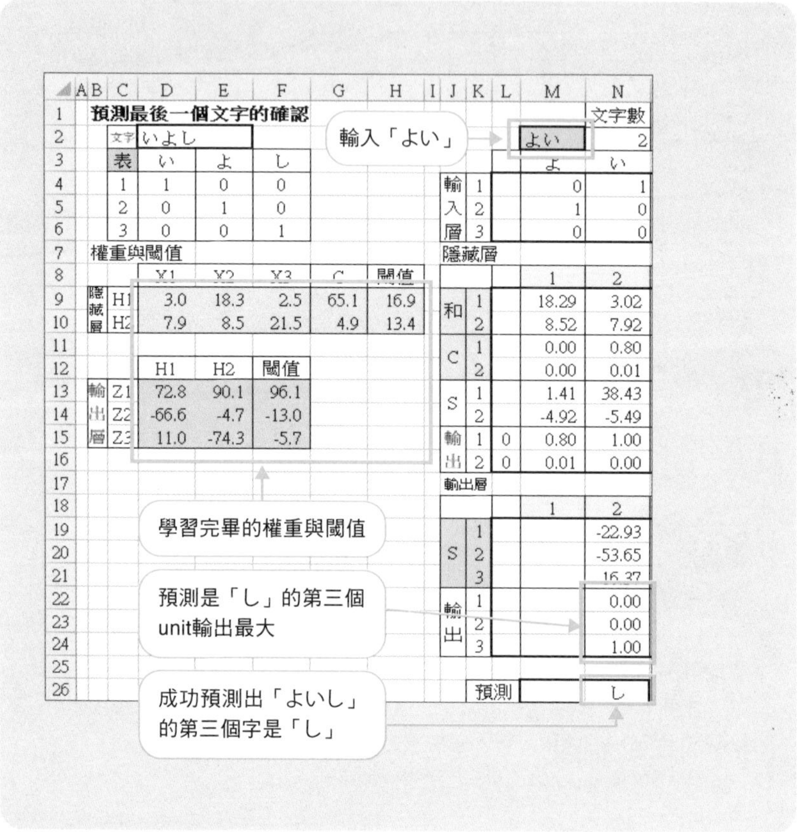

■確認

以上，我們用〔課題Ⅲ〕確認了遞歸神經網路的有效性。雖然這個例子適用的詞語數很少，可能不大實用，不過本章介紹的遞歸神經網路，在現實中的時間序列資料分析上可以發揮很大的作用。只要藉由本章的課題了解到遞歸神經網路的機制，相信未來在建構深度學習模型時會有很大的幫助。

memo 遞歸神經網路的示意圖

本書中，為了幫助各位理解，將遞歸神經網路化成了下圖左邊的樣子，不過多數文獻會用下圖右邊的樣子來表現。

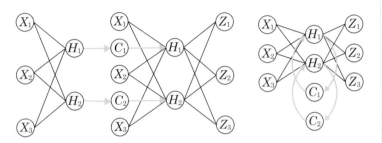

另外，在表示遞歸神經網路時，有時會將右圖逆時鐘轉90°，簡化如下圖。

遞歸神經網路的簡圖。

將這張圖展開後，也會比較好懂其意義。

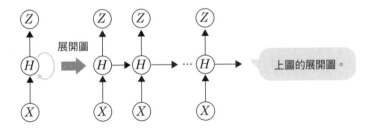

展開圖

上圖的展開圖。

第7章

了解誤差反向傳播法
的機制

誤差反向傳播法是

神經網路「學習」時使用的計算方式。

善用神經網路 unit 的特性，

可以讓最佳化的計算更為流暢。

本章將介紹這種計算法的機制是如何運作。

（註）本章會很常用到高中沒學到的偏微分，

若有問題的話請先參考附錄G。

1 梯度下降法是 最佳化計算的基礎

～選擇梯度最陡的坡道下坡的方法

神經網路「學習」時，必須尋找能讓目標函數最小化的權重與閾值。而誤差反向傳播法這個著名方法可以幫助我們達成這個目的。梯度下降法則是誤差反向傳播法的基礎。

梯度下降法為機器學習的基礎

梯度下降法也叫做**最陡下降法**，是許多機器學習的基本計算技巧。

機器學習是 AI（人工智慧）領域的專有術語，指的是機器（電腦）從資料中「學習」的過程。深度學習就是其中之一。

深度學習的過程中，下一節將介紹的「誤差反向傳播法」是計算過程的主角。而**梯度下降法則是誤差反向傳播法的基礎。**

梯度下降法是支撐深度學習的基礎。

本節將以一個雙變數函數為例，說明什麼是梯度下降法。在機器學習的世界，特別是神經網路的世界中，經常需要一次處理幾十萬個以上的參數，不過其中的數學原理和雙變數函數是一樣的。

梯度下降法的概念

讓我們來看看梯度下降法是什麼吧。

假設一個平地上有個隕石坑般的巨大坑洞，坑洞的斜坡十分平滑，而斜坡上有一個點 A。在狹小的範圍中，斜坡可視為一個平面（而非原本的曲面）。

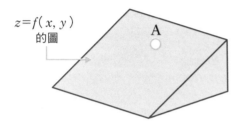

$z=f(x, y)$ 的圖

> 點A附近的斜坡。範圍夠小時，可以視為平面。

在這個點 A 上放一顆乒乓球。手放開後，乒乓球會沿著斜坡最陡的方向開始滾動。以下圖為例，球應該會沿著 Q 的方向滾動才對，因為 Q 方向是最陡的方向。

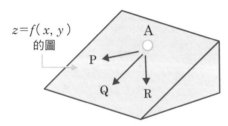

$z=f(x, y)$ 的圖

> 乒乓球會沿著最陡的斜坡（AQ的方向）開始滾動。

乒乓球前進一會兒之後，把球停下，然後再把球從該處放開。此時乒乓球會再從該點選擇最陡的方向，繼續往下滾。

這個動作重複多次後，乒乓球就會沿著最短的路徑抵達坑洞底部了。「梯度下降法」就是在模擬這種運動。

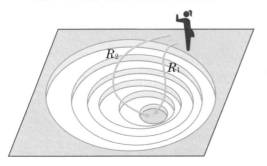

R_2

R_1

> 用人來比喻乒乓球的運動，人往洞穴的底部前進時，會選擇最短的路徑 R_1（路徑長為最小值）。

簡單來說，梯度下降法的概念就是「選擇最陡的方向下坡」。所以梯度下降法才叫做「最陡下降法」。

近似公式與內積的關係

用數學方式描述梯度下降法之前，先來看看函數的性質。

假設有一個平滑的函數 $z = f(x, y)$，當 x 改變 Δx，y 改變 Δy 時，設 z 的數值的變化量為 Δz。

$$\Delta z = f(x + \Delta x, y + \Delta y) - f(x, y) \cdots (1)$$

由著名的近似公式（附錄 H），可以知道以下關係式會成立。

$$\Delta z = \frac{\partial f(x, y)}{\partial x} \Delta x + \frac{\partial f(x, y)}{\partial y} \Delta y \cdots (2)$$

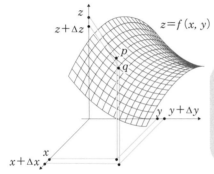

函數 $z = f(x, y)$ 的圖形。
圖中的 Δz、Δx、Δy 會滿足
式子（2）的關係，故
$P(x, y, f(x, y))$ 可以表示成
$Q(x + \Delta x, y + \Delta y, f(x + \Delta x, y + \Delta y))$。

接著看式子（2）的等號右邊，這個部分可以寫成以下兩個向量的內積。

$$\left(\frac{\partial f(x, y)}{\partial x}, \frac{\partial f(x, y)}{\partial y} \right) \text{、} (\Delta x, \Delta y) \cdots (3)$$

$$\left(\frac{\partial f(x, y)}{\partial x}, \frac{\partial f(x, y)}{\partial y} \right)$$

$(\Delta x, \Delta y)$

內積 ➡ $\Delta z = \frac{\partial f(x, y)}{\partial x} \Delta x + \frac{\partial f(x, y)}{\partial y} \Delta y$

式子（2）等號左邊的 Δz 可寫成式子（3），即兩個向量的內積。

式子（3）左邊的向量 $\left(\dfrac{\partial f(x, y)}{\partial x}, \dfrac{\partial f(x, y)}{\partial y} \right)$，稱為點（$x, y$）在函數 $f(x, y)$ 上的梯度（gradient）。右邊的向量稱為位移向量。

$$\begin{cases} \text{梯度：} \left(\dfrac{\partial f(x, y)}{\partial x}, \dfrac{\partial f(x, y)}{\partial y} \right) \cdots (4) \\ \text{位移向量：} (\Delta x, \Delta y) \cdots (5) \end{cases}$$

所以說，「將式子（2）視為向量內積」，便可得到梯度下降法的基本公式。

內積的性質

考慮兩個大小（即箭頭長度）固定的向量時，這兩個向量的內積有著以下著名的性質。

「當兩個向量的方向相反時，內積最小。」

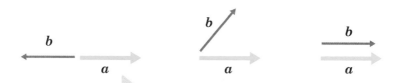

當兩個向量 a、b 的位置關係如左邊的圖時，內積最小。

這個性質可以用數學式表示如下。

向量 a、b 的大小為固定時，當兩向量符合以下條件時，內積最小。
$b = -\eta a$ （η 為正的常數）$\cdots$（6）

（註）η 讀作 eta，是一個希臘字母。許多描述梯度下降法的文獻中會用到這個字母。

這個式子（6）的關係，就是梯度下降法的基礎。

順帶一提，向量 a、b 的「內積最小」時，會是一個負值，如下一頁所示。

內積的最小值$=-|a||b|$　（$|a|$、$|b|$分別為向量a、b的大小）

梯度下降法的基本公式

以上就是需要的數學背景知識。接著就來推導「梯度下降法」的公式吧。

首先，我們前面提到，梯度下降法可以理解成「乒乓球會選擇最陡的斜面滾下來」。讓我們將這個概念與向量的相關知識式子（6）結合在一起。

當x改變Δx、y改變Δy，且改變量很少時，函數$z = f(x, y)$的變化量Δz可寫成式子（2）。這個Δz是兩個向量（4）、（5）的內積。當兩個向量的內積符合前頁的式子（6）時，內積為最小值。由這個三段論述可以得到以下公式。

假設x改變Δx、y改變Δy，那麼當以下關係式成立時，函數$f(x, y)$的減少量最大。

$$(\Delta x, \Delta y) = -\eta \left(\frac{\partial f(x, y)}{\partial x}, \frac{\partial f(x, y)}{\partial y} \right) \quad (\eta \text{為很小的正數常數})$$
$$\cdots (7)$$

（註）這個很小的正數 η 叫做步長、步幅。在機器學習的領域中，也叫做學習率。

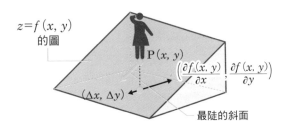

另外，之所以要設定步長η為很小的數，是因為在不同位置上，最陡的方向各不相同。令Δx、Δy盡可能地小，才能盡可能地讓物體沿著最陡的方向移動。

讓我們由次頁的〔問題〕確認公式（7）的使用方式吧。

〔問題〕設 Δx、Δy 是很小的數。在函數 $z=x^2+y^2$ 中，假設 x 從 1 移動到 $1+\Delta x$，y 從 2 移動到 $2+\Delta y$，試求可以讓這個函數的數值減少最多的向量（$\Delta x, \Delta y$）。

（解）由式子（7），可以知道 Δx、Δy 會滿足以下關係。

$$(\Delta x, \Delta y) = -\eta \left(\frac{\partial z}{\partial x}, \frac{\partial z}{\partial y} \right) \quad (\eta \text{為很小的正數常數})$$

$\frac{\partial z}{\partial x} = 2x$、$\frac{\partial z}{\partial y} = 2y$，所以當 $x=1$、$y=2$ 時，

$$(\Delta x, \Delta y) = -\eta(2, 4) \quad (\eta \text{為很小的正數常數})$$

（解答結束）

梯度下降法

公式（7）為梯度下降法的基本式。只要依照公式（7）移動，就能夠沿著最陡的斜面往下移動。讓我們試著操作看看吧。

依照式子（7），從點（x, y）移動到（$x+\Delta x, y+\Delta y$）。

$\cdots$（8）

只要重複操作過程（8），就可以讓物體沿著最短路徑走下斜面，這就是梯度下降法。

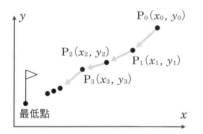

從初期位置 P_0 開始，依照（8）求算出梯度最陡的位置 P_1。接著再從位置 P_1 開始移動，依照（8）求算出梯度最陡的位置 P_2。不斷重複這個過程就是梯度下降法。

推廣至多變數情況，以適用於三變數以上的函數

要將雙變數的基本式（7）、梯度下降法（8）推廣至三變數以上的情況並不困難。假設 f 為平滑的函數，有 n 個變數，分別為 x_1、x_2、$\cdots$、x_n，那麼梯度下降法的基本式（7）可一般化如下一頁。

設 η 為很小的正數常數，當變數 x_1、x_2、$\cdots$、x_n 轉變成 $x_1+\Delta x_1$、$x_2+\Delta x_2$、$\cdots$、$x_n+\Delta x_n$ 時，Δx_1、Δx_2、$\cdots$、Δx_n 需滿足以下關係，才可讓函數 f 之數值降至最低。

$$(\Delta x_1, \Delta x_2, \cdots, \Delta x_n) = -\eta \left(\frac{\partial f}{\partial x_1}, \frac{\partial f}{\partial x_2}, \cdots, \frac{\partial f}{\partial x_n} \right) \cdots (9)$$

和雙變數函數的情況一樣，依照以下方式多次移動，就是一般化的梯度下降法。

依照式子（9），
從點 $(x_1, x_2, \cdots, x_n)$ 移動到 $(x_1+\Delta x_1, x_2+\Delta x_2, \cdots, x_n+\Delta x_n)$。
$$\cdots (10)$$

順帶一提，式子（9）中的很小的正數常數 η 也和雙變數的情況一樣，叫做步長、步幅或學習率。

在深度學習的實際計算過程中，變數的數目 n 可能會高達幾十萬。這時候梯度下降法就能幫我們很大的忙。

順帶一提，和雙變數函數（4）的時候一樣，n 變數函數 f 在點 $(x_1, x_2, \cdots, x_n)$ 處的梯度也可寫成以下向量。

$$梯度：\left(\frac{\partial f}{\partial x_1}, \frac{\partial f}{\partial x_2}, \cdots, \frac{\partial f}{\partial x_n} \right) \cdots (11)$$

η 的意義與梯度下降法的注意事項

之前我們都用「很小的正數常數」來描述步長 η。不過實際用電腦計算時，如何決定 η 的大小會是個很大的問題。

如式子（7）、（9）所示，η 可以視為人在移動時的「步幅」。所以物體會依照 η 的數值決定要移動多長的距離、移動到哪個點。

若步長過大，可能會跨過最小值，跳到另一個坑洞內（如次頁圖左）；若步長過小，可能會停留在局部的極小值而無法抵達最小值（如次頁圖右）。

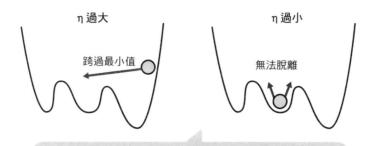

η 過大　　　　　　　　η 過小

跨過最小值　　　　　　無法脫離

若 η 過大或過小，可能會跳過最小值，或者滯留在局部極小值。

這個問題的嚴重程度取決於個別函數的性質，因此 η 的決定方式並沒有一定的基準。只能透過嘗試錯誤的方式找到適當的數值。

局部最佳解問題

前面我們提到「依照（8）和（10）的操作，就可以找到抵達最小值的最短路徑」，聽起來好像很輕鬆的樣子。但從上圖可以看出，其實並沒有那麼簡單。

因為在考慮一個平滑函數時，如上圖所示，存在著最小值與好幾個極小值。

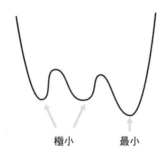

極小　　　　最小

物體在移動的過程中，可能會停滯在極小值附近，造成局部最佳解問題。

為了避免這種問題，研究人員開發出了各式各樣的計算方法，機率性梯度下降法就是一種代表性的方法。

2

誤差反向傳播法
（Backpropagation法）的機制

～神經網路的「學習」中，最有名的技巧

在實際應用上，神經網路在「學習」時，必須計算出幾十萬個權重與閾值的適當大小，使目標函數降至最小值。本節將介紹調整這些參數大小的代表性方法，也就是著名的「誤差反向傳播法」。

用具體的例子說明

誤差反向傳播法英文名稱為 Backpropagation 法，也簡稱 BP法，是深度學習「學習」時使用的計算方式中，最著名的計算方式。名字聽起來似乎有些複雜，不過用具體例子來說明它的機制的話，就會簡單許多。讓我們用第4章中提到的〔課題 I〕（再次列於下方），具體說明這種方法如何計算出答案。

〔課題 I〕假設我們要製作一個可讀取 5×4 像素之黑白二元圖像，
並且可識別手寫英文字母「A」、「P」、「L」、「E」的
神經網路。使用附有正解標籤的 128 張字母圖像作為訓
練資料，並使用 Sigmoid 函數作為激勵函數。

（註）訓練資料列於附錄 A。

讓我們再確認一次這個課題使用的神經網路。

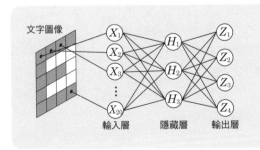

本章要討論的神經網路簡圖。詳情請參考第4章。

卷積神經網路（第5章）與遞歸神經網路（第6章）分別都有與之對應的誤差反向傳播法。若能透過〔課題Ⅰ〕理解這種方法，也會比較知道該如何運用。

目標函數相當複雜

如同我們在第4章§6中提到的，決定一個神經網路時，需要找到適當的權重與閾值，使目標函數 E 降至最小值。

$$E = e_1 + e_2 + \cdots + e_{128} \quad （128為圖像的張數）\quad \cdots（1）$$

這個 e_k 表示由第 k 張圖像計算出來的誤差平方和（第4章§6），計算方式如下（$k = 1, 2, \cdots, 128$）。

$$e_k = \frac{1}{2} \{ (t_1[k] - z_1[k])^2 + (t_2[k] - z_2[k])^2 + (t_3[k] - z_3[k])^2 + (t_4[k] - z_4[k])^2 \} \cdots（2）$$

（註）第4章的誤差平方和並沒有加上係數1/2。本章為了簡化微分計算，故加上了1/2的係數。有沒有這個係數，並不會影響到最後結果。

請由下圖確認目標函數 E 與各圖像計算出來之誤差平方和 e_k 之間的關係。

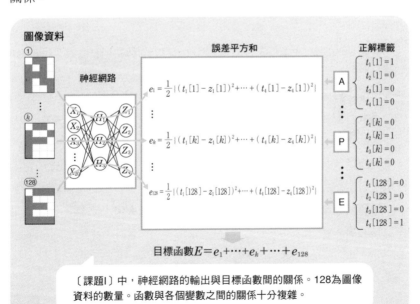

〔課題I〕中，神經網路的輸出與目標函數間的關係。128為圖像資料的數量。函數與各個變數之間的關係十分複雜。

要特別注意的是，式子（2）中，輸出層的輸出 $z_1[k] \sim z_4[k]$ 都是由權重和閾值經過非常複雜的函數計算後得到的數值。讓我們再確認一次第4章中提到的計算過程吧。輸出層的輸出 $z_1[k] \sim z_4[k]$ 可由以下的（3）、（4）等複雜算式計算出來，是「權重與閾值的函數」。

〔隱藏層的關係〕

$$\left. \begin{array}{l} s_j^H = w_{j1}^H x_1 + w_{j2}^H x_2 + w_{j3}^H x_3 + \cdots + w_{j20}^H x_{20} - \theta_j^H \\ h_j = \sigma(s_j^H) \qquad (j = 1, 2, 3 \cdot \sigma \text{ 為 Sigmoid 函數}) \end{array} \right\} \cdots (3)$$

〔輸出層的關係〕

$$\left. \begin{array}{l} s_k^O = w_{k1}^O h_1 + w_{k2}^O h_2 + w_{k3}^O h_3 - \theta_k^O \\ z_k = \sigma(s_k^O) \qquad (k = 1, 2, 3, 4 \cdot \sigma \text{ 為 Sigmoid 函數}) \end{array} \right\} \cdots (4)$$

（註）關於這些式子的意義，請參考第4章 §5（亦可參考下圖）。

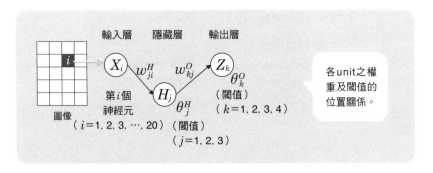

更麻煩的是，式子（3）、（4）中的權重 w 與閾值 θ 多達79個，如下所示。

參數數目＝（20+1）×3＋（3+1）×4＝79

（註）算式中，「20」是輸入層的unit數、「3」是隱藏層的unit數、「4」是輸出層的unit數。

上面這個神經網路是一個非常簡單的模型。然而即使是如此簡單的模型，也會用到79個變數。

要調整這麼多的權重與閾值，使多變數函數 E 降至最低，實在不是件容易的事。

光靠梯度下降法仍難以解決

前一節中，我們提到梯度下降法可以有效計算出多變數函數的最小值。接著讓我們就梯度下降法的原理，試著寫出這個課題會用到的數學式吧。

設式子（1）的目標函數 E 中，權重 w_{11}^H、$\cdots$、w_{11}^O、$\cdots$ 與閾值 θ_1^H、$\cdots$、θ_1^O、$\cdots$（合計79個）各產生了微小的變化，如下式。

$$\left.\begin{array}{l} w_{11}^H + \Delta w_{11}^H,\ \cdots,\ \theta_1^H + \Delta \theta_1^H,\ \cdots \\ w_{11}^O + \Delta w_{11}^O,\ \cdots,\ \theta_1^O + \Delta \theta_1^O,\ \cdots \end{array}\right\} \cdots (5)$$

當以下關係式成立時，可讓函數 E 降至最低。其中，η 為很小的正數常數。

$$(\Delta w_{11}^H, \cdots, \Delta \theta_1^H, \cdots, \Delta w_{11}^O, \cdots, \Delta \theta_1^O, \cdots)$$
$$= -\eta \left(\frac{\partial E}{\partial w_{11}^H}, \cdots, \frac{\partial E}{\partial \theta_1^H}, \cdots, \frac{\partial E}{\partial w_{11}^O}, \cdots, \frac{\partial E}{\partial \theta_1^O} \right) \cdots (6)$$

依式子（6）逐漸改變權重與閾值，便可用最快速度抵達目標函數 E 的最小值，這就是梯度下降法。

前一節中我們也有提到，式子（6）右邊（）內的微分式：

$$\left(\frac{\partial E}{\partial w_{11}^H}, \cdots, \frac{\partial E}{\partial \theta_1^H}, \cdots, \frac{\partial E}{\partial w_{11}^O}, \cdots, \frac{\partial E}{\partial \theta_1^O} \right) \cdots (7)$$

就是所謂的「梯度」。

如前所述，要一一計算這些梯度內的微分項目並不容易，何況總共還有79個項目。

這時候就要用到「誤差反向傳播法」。

「目標函數」的梯度是「各圖像誤差平方和」的梯度之和

在正式開始介紹之前，讓我們先由式子（1）、（7）確認以下敘述。

「目標函數 E 的梯度」是「誤差平方和 e_k 的梯度」之總和。

這裡的「誤差平方和 e_k 的梯度」，指的是由第 k 個圖像計算出來的誤差平方和 e_k（式子（2））的「梯度」，可表示如下。

$$\left(\frac{\partial e_k}{\partial w_{11}^H}, \cdots, \frac{\partial e_k}{\partial \theta_1^H}, \cdots, \frac{\partial e_k}{\partial w_{11}^O}, \cdots, \frac{\partial e_k}{\partial \theta_1^O} \right) \cdots (8)$$

所以說，要計算目標函數 E 的微分之前，只要先計算誤差平方和 e_k 的微分，再將他們全部加總起來就好。

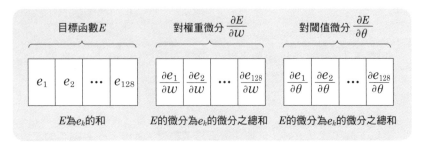

說得更簡單一點，「計算目標函數的微分時，只要先計算各個圖像的誤差平方和的微分，最後再加總起來就可以了」。這在討論數學式的推導過程，或者是編寫計算用的程式時，都是相當方便的性質。

之後的說明都是以「誤差平方和 e_k 的梯度」為中心。說明中會省略表示第 k 個圖像的下標「k」。也就是說，我們對 e 的定義如下。

$$e = \frac{1}{2}\{(t_1 - z_1)^2 + (t_2 - z_2)^2 + (t_3 - z_3)^2 + (t_4 - z_4)^2\} \cdots (9)$$

之後看到 e 時，請將其視為某個「第 k 個圖像」的「誤差平方和」。

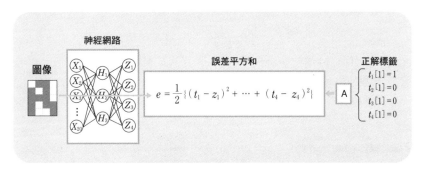

引入 unit 的誤差 δ

做好準備之後，我們終於可以開始進入正文，說明誤差反向傳播法的機制了。

誤差反向傳播法的「關鍵」概念，是在式子（9）計算誤差平方和 e 時，導入名為單元誤差（errors）的變數 δ，其定義如下。

$$\delta_j^H = \frac{\partial e}{\partial s_j^H}\ (\ j = 1, 2, 3\ )、\delta_k^O = \frac{\partial e}{\partial s_k^O}\ (\ k = 1, 2\ ) \cdots (10)$$

（註）δ 讀作 delta，是一個希臘字母，相當於英文字母的 d。另外，「單元誤差」與誤差平方和（2）都包含了「誤差」一字，意義卻不一樣。

要注意的是，式子（10）中，微分時的變數為式子（3）、（4）的「輸入線性總和」s_j^H、s_k^O。這點十分重要。善用計算出來的「單元誤差」δ，便可讓梯度計算（8）的微分計算變得相當簡單，就像魔法一樣。

由單元誤差 δ 計算出梯度

我們可以以用「單元誤差」δ 來表示誤差平方和 e 的梯度成分。先說結論，e 的梯度成分可簡單表示如下。

$$\left.\begin{array}{l} \dfrac{\partial e}{\partial w_{ji}^H} = \delta_j^H x_i、\dfrac{\partial e}{\partial \theta_j^H} = -\delta_j^H(\ i = 1, 2, \cdots, 12、j = 1, 2, 3) \\[3mm] \dfrac{\partial e}{\partial w_{ji}^O} = \delta_j^O h_i、\dfrac{\partial e}{\partial \theta_j^O} = -\delta_j^O(\ i = 1, 2, 3、j = 1, 2) \end{array}\right\} \cdots (11)$$

式子（11）的證明需要用到偏微分的知識。為了維持本節內容的步調，我們將相關證明放在附錄 J。

由式子（11），我們可以用式子（10）定義的單元誤差 δ 輕鬆計算出誤差平方和 e 的梯度。接著就讓我們來看看如何求出單元誤差 δ 吧。

計算輸出層的「單元誤差」δ_j^O

首先讓我們試著實際計算出輸出層的「單元誤差」吧。設輸出層的激勵函數為 Sigmoid 函數 $z = \sigma(s)$，由連鎖律這個簡單的微分公式（附錄 G），可以計算出以下式子。

$$\delta_k^O = \frac{\partial e}{\partial s_k^O} = \frac{\partial e}{\partial z_k} \frac{\partial z_k}{\partial s_k^O} = \frac{\partial e}{\partial z_k} \sigma'(s_k^O) \ (k=1, 2, \cdots, 4) \cdots (12)$$

（註）高中教科書中，稱這個定理為「合成函數的微分」。

由式子（9）可以知道：

$$\frac{\partial e}{\partial z_k} = -(t_k - z_k)$$

將其帶入式子（12）後可以得到：

$$\delta_k^O = -(t_k - z_k) \sigma'(s_k^O) \quad (k=1, 2, \cdots, 4) \cdots (13)$$

上式等號的右邊有個微分後的 Sigmoid 函數 σ'。我們在第3章§1曾經提過，該微分的計算相當簡單，如下所示：

$$\sigma'(s) = \sigma(s) \{1 - \sigma(s)\}$$

如此一來，式子（13）等號的右邊部分就不再有微分項，可以讓我們從微分這個讓人煩躁的處理中解脫，接著計算輸出層的「單元誤差」δ_j^O。

由誤差反向傳播法求出隱藏層的「單元誤差」δ_j^H

用類似推導輸出層的式子（13）的方法，我們可以推導出隱藏層的「單元誤差」δ_j^H，如下所示。

$$\delta_j^H = (\delta_1^O w_{1j}^O + \cdots\cdots + \delta_4^O w_{4j}^O) \sigma'(s_j^H) \ (j=1, 2, \cdots, 4) \cdots (14)$$

（註）這個公式的證明如附錄K所示，會用到連鎖律。

等號右邊 δ_1^O 等是式子（13）計算出來的結果。因此只要代入式子（14），就可以迴避掉麻煩的微分計算，得到隱藏層的單元誤差 δ_j^H。

神經網路的計算方向是由隱藏層往輸出層。不過由式子（14）可以看出，計算「單元誤差」δ 時剛好相反，會從輸出層回推隱藏層。這就是為什麼稱這種方法為「誤差反向傳播法」。

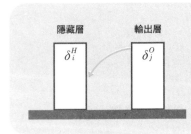

隱藏層　　　輸出層

δ_i^H　　　δ_j^O

誤差反向傳播法的機制
求出輸出層的 δ 之後，就可以輕鬆求
出隱藏層的 δ。與一般神經網路的計
算方向剛好相反。

〔問題〕接續〔課題 I 〕，請試著用 $\delta_1^O \sim \delta_4^O$ 來表示 δ_2^H。其中，設激勵函數為 Sigmoid 函數 $\sigma(s)$。

〔解〕由式子（14）可以知道，$\delta_2^H = (\delta_1^O w_{12}^O + \cdots\cdots + \delta_4^O w_{42}^O) \sigma'(s_2^H)$

另外，由 Sigmoid 函數 $\sigma(s)$ 的微分公式（第3章 §1）可以知道：

$\sigma'(s_2^H) = \sigma(s_2^H)\{1 - \sigma(s_2^H)\}$

代入前面的式子（9）後可以得到：

$\delta_2^H = (\delta_1^O w_{12}^O + \cdots\cdots + \delta_4^O w_{42}^O) \sigma(s_2^H)\{1 - \sigma(s_2^H)\}$　　　（解答結束）

實際計算誤差反向傳播法

以上就是誤差反向傳播法的計算方式。

為用於實際計算，讓我們先將前面的說明整理如下。

（i）對於訓練資料中的各個圖像

‧由式子（13）、（14）計算出「單元誤差」δ。

‧由式子（11）計算出 e 的梯度。

（ii）將（i）計算出之所有圖像的 e 的梯度加總起來，計算出目標函數 E 的梯度。

（iii）用式子（6）更新權重與閾值的數值。

依照梯度下降法的規則，反覆操作（i）～（iii），尋找能讓目標函數 E 降至最小值的權重與閾值。

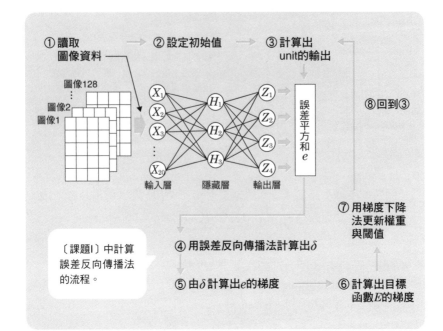

① 讀取圖像資料

② 設定初始值

③ 計算出unit的輸出

圖像128
圖像2
圖像1

X_1　H_1　Z_1

X_2　　　　Z_2　誤差平方和 e

X_3　H_2　Z_3

X_{20}　H_3　Z_4

輸入層　　隱藏層　　輸出層

⑧ 回到③

⑦ 用梯度下降法更新權重與閾值

〔課題I〕中計算誤差反向傳播法的流程。

④ 用誤差反向傳播法計算出 δ

⑤ 由 δ 計算出 e 的梯度

⑥ 計算出目標函數 E 的梯度

---

memo　哈密頓算符 ∇

　　實際應用時的神經網路，要處理的是由幾十萬個變數所構成之函數的最小值問題。這時候如果用式子（6）的方式表現計算過程的話會顯得過於冗長。

　　數學領域中有所謂的「向量分析」，分析向量時經常會用到 ∇ 這個符號，稱為哈密頓算符，其定義如下。

$$\nabla f = \left(\frac{\partial f}{\partial x_1}, \frac{\partial f}{\partial x_2}, \cdots, \frac{\partial f}{\partial x_n} \right)$$

　　利用這個符號，可以將梯度下降法的基本式（§1式子（9））簡單寫成以下形式。

$$(\Delta x_1, \Delta x_2, \cdots, \Delta x_n) = -\eta \nabla f \quad (\eta 為很小的正數常數)$$

（註）∇ 通常讀作「nabla」，因為和希臘的豎琴（nabla）外型相似，故以此為名。

3

用Excel體驗
誤差反向傳播法

～Excel是誤差反向傳播法的強力工具

讓我們用Excel來體驗一下誤差反向傳播法吧。使用第4章製作的工作表，透過簡單的操作，就能實現誤差反向傳播法。

用Excel體驗誤差反向傳播法

讓我們試著以§2提到的〔課題Ⅰ〕為例，用Excel實現誤差反向傳播法的計算吧。

我們在第4章中就曾詳細說明過〔課題Ⅰ〕的內容了。不過光是這樣，神經網路的「學習」部分還是如黑盒子般神祕。因為第4章中我們是用Excel內建、名為「規劃求解」的最佳化工具，自動求算出權重與閾值。

本節將不會使用Excel的規劃求解功能，而是用Excel的VBA實現誤差反向傳播法，藉此求出適當的權重與閾值。

使用第4章的工作表

我們可以用第4章中製作的Excel工作表來體驗誤差反向傳播法。只要在這個工作表上，追加「單元誤差」的相關計算就可以了。

以下將會以第4章製作完成的Excel工作表為前提，一步步實現誤差反向傳播法。需要進行以下的步驟。

① 在第4章的工作表中加入計算時需要的常數。

加上計算梯度下降法時會用到的「步長」η，並設定反覆計算的次數（§1的位移操作（10）次數）。

	A	B	C	D	E	F
1	誤差反向傳播法					
2	（例）辨別字母A、P、L、E					
3						
4			計算次數	已計算		
5			300	0		
6						
7			η		計算	
8			0.05			

設定步長與計算次數。

② 在第4章的工作表中加入「單元誤差」δ。

在第4章的工作表中，加入§2中所介紹之「單元誤差」δ的相關計算。下圖為第一個圖像加上δ的樣子。

	H	I	J	K	L	M	N	O
1	編號				1			
2	字							
3	母							
4	圖							
5	像							
6								
7	輸			0	1	1	0	
8	入			1	0	1	0	
9	層			1	1	1	0	
10				1	0	1	1	
11				1	0	0	1	
12	正解			1	0	0	0	
13								
14				h	a'(h)			
15	隱		1	1.00	0.00			
16	藏		2	1.00	0.00			
17	層		3	1.00	0.00			
18								
19				z	a'(z)			
20	輸		1	0.64	0.23			
21	出		2	0.84	0.14			
22	層		3	0.74	0.19			
23			4	0.72	0.20			
24	誤差e			1.89				
25								
26								
27				δ^O	δ^H			
28	誤		1	-0.08	0.00			
29	差		2	0.11	0.00			
30	δ		3	0.14	0.00			
31			4	0.15				

輸入計算「單元誤差」δ的相關函數。函數式請參考§2。激勵函數a使用Sigmoid函數σ

③ 用梯度下降法計算各個圖像的誤差平方和 e 的梯度。

在第4章的工作表中各圖像的處理區域下方，用梯度下降法計算誤差平方和 e 的梯度，下圖為第一個圖像附加上 δ 後的樣子。

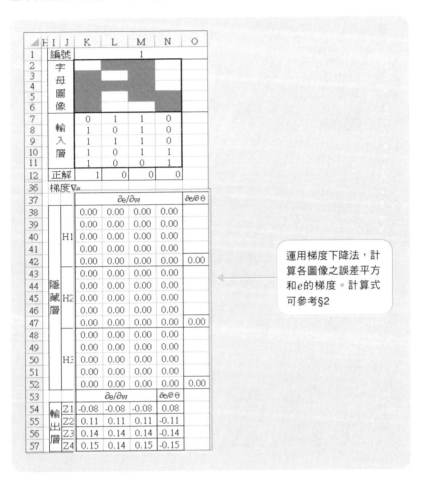

運用梯度下降法，計算各圖像之誤差平方和 e 的梯度。計算式可參考§2

④ 將②、③的處理過程套用到所有圖像上。

步驟②、③為第一個圖像的處理工作。接著也用同樣的方法處理所有剩下的圖像，只要複製函數部分，再往右貼上即可。

⑤ 計算目標函數 E 的梯度。

將④中各個圖像的誤差平方和 e 的梯度加總，計算出目標函數 E 的梯度。

		誤差反向傳播法（未學習）							編號		1		
		（例）辨別字母A、P、L、E						字					
								母					
		計算次數	已計算					圖					
		500	0					像					
									0	1	1	0	
		η			計算			輸	1	0	1	0	
		0.05						入	1	1	1	0	
								層	1	0	1	1	
		正解字母							1	0	0	1	
		字母	A	P	L	E		正解	1	0	0	0	

梯度 ∇E （左側） 與 **梯度 ∇e** （右側）

		隱藏層 $\partial E/\partial w$				$\partial E/\partial\theta$			$\partial e/\partial w$				$\partial e/\partial\theta$
		0.10	0.22	0.14	0.06				0.00	0.00	0.00	0.00	
		0.12	0.19	0.02	0.10				0.00	0.00	0.00	0.00	
H1		0.13	0.23	0.12	0.06			H1	0.00	0.00	0.00	0.00	
		0.18	0.13	0.03	0.05				0.00	0.00	0.00	0.00	
		0.19	0.21	0.17	0.18	-0.28			0.00	0.00	0.00	0.00	0.00
		0.14	0.07	0.02	0.00				0.00	0.00	0.00	0.00	
		0.14	0.04	0.01	0.00				0.00	0.00	0.00	0.00	
H2		0.12	0.06	0.01	0.00		隱	H2	0.00	0.00	0.00	0.00	
		0.09	0.09	0.00	0.07		藏層		0.00	0.00	0.00	0.00	
		0.08	0.16	0.16	0.17	-0.17			0.00	0.00	0.00	0.00	0.00
		0.35	0.37	0.16	0.06				0.00	0.00	0.00	0.00	
		0.30	0.33	0.01	0.06				0.00	0.00	0.00	0.00	
H3		0.24	0.45	0.08	0.03			H3	0.00	0.00	0.00	0.00	
		0.28	0.36	0.01	0.14				0.00	0.00	0.00	0.00	
		0.29	0.58	0.56	0.56	-0.62			0.00	0.00	0.00	0.00	0.00
		輸出層 $\partial E/\partial w$			$\partial E/\partial\theta$				$\partial e/\partial w$			$\partial e/\partial\theta$	
Z1		10.57	10.35	10.25	-10.72			Z1	-0.08	-0.08	-0.08	0.08	
Z2		10.14	9.92	9.86	-10.24		輸出層	Z2	0.11	0.11	0.11	-0.11	
Z3		11.39	11.52	11.48	-11.43			Z3	0.14	0.14	0.14	-0.14	
Z4		13.43	13.21	13.13	-13.58			Z4	0.15	0.14	0.15	-0.15	

將所有圖像的誤差平方和 e 的梯度加總

⑥ 依照 §1的移動操作（10），更新權重與閾值。

	A B	C	D	E	F	G
1	誤差反向傳播法（未學習）					
13	權重 w 與閾值 θ					
14	隱藏層	w				θ
15		0.84	0.02	0.52	0.27	
16		0.25	0.14	0.30	0.53	
17	H	0.93	0.47	0.20	0.58	
18		0.82	0.00	0.37	0.75	
19		0.85	0.03	0.81	0.97	0.28
20		0.10	0.85	0.71	0.57	
21		0.37	0.91	0.19	0.85	
22	H2	0.22	0.64	0.69	0.97	
23		0.66	0.64	0.71	0.02	
24		0.58	0.04	0.20	0.09	0.17
25		0.63	0.46	0.55	0.29	
26		0.60	0.65	0.71	0.01	
27	H3	0.95	0.14	0.69	0.83	
28		0.50	0.05	0.70	0.78	
29		0.86	0.04	0.13	0.06	0.55
30	輸出層	w				θ
31	Z1	0.59	0.16	0.61	0.79	
32	Z2	0.83	0.19	0.71	0.08	
33	Z3	0.80	0.08	0.24	0.09	
34	Z4	0.56	0.21	0.35	0.19	

	A B	C	D	E	F	G
1	誤差反向傳播法（未學習）					
36	梯度 ∇E					
37	隱藏層	$\partial E/\partial w$				$\partial E/\partial \theta$
38		0.10	0.22	0.14	0.06	
39		0.12	0.19	0.12	0.10	
40	H1	0.13	0.23	0.12	0.06	
41		0.18	0.13	0.03	0.05	
42		0.19	0.21	0.17	0.18	-0.28
43		0.14	0.07	0.02	0.00	
44		0.14	0.04	0.01	0.00	
45	H2	0.12	0.06	0.01	0.00	
46		0.09	0.09	0.00	0.07	
47		0.08	0.16	0.16	0.17	-0.17
48		0.35	0.37	0.16	0.06	
49		0.30	0.33	0.01	0.06	
50	H3	0.24	0.45	0.08	0.03	
51		0.28	0.36	0.01	0.04	
52		0.29	0.58	0.56	0.56	-0.62
53	輸出層	$\partial E/\partial w$				$\partial E/\partial \theta$
54	Z1	10.57	10.35	10.25	-10.72	
55	Z2	10.14	9.92	9.86	-10.24	
56	Z3	11.39	11.52	11.48	-11.43	
57	Z4	13.43	13.21	13.13	-13.58	

更新權重與閾值
（§1（10））

	A B	C	D	E	F	G
1	誤差反向傳播法（未學習）					
59	更新後的權重 w 與閾值 θ					
60	隱藏層	w				θ
61		0.84	0.01	0.51	0.27	
62		0.24	0.13	0.30	0.52	
63	H	0.92	0.46	0.19	0.58	
64		0.81	-0.01	0.37	0.75	
65		0.84	0.02	0.80	0.96	0.29
66		0.09	0.85	0.71	0.57	
67		0.36	0.91	0.19	0.85	
68	H2	0.21	0.64	0.69	0.97	
69		0.66	0.64	0.71	0.02	
70		0.58	0.03	0.19	0.08	0.18
71		0.61	0.44	0.54	0.29	
72		0.58	0.63	0.71	0.01	
73	H3	0.94	0.12	0.69	0.83	
74		0.49	0.03	0.70	0.77	
75		0.85	0.01	0.10	0.03	0.58
76	輸出層	w				θ
77	Z1	0.06	-0.36	0.10	1.33	
78	Z2	0.32	-0.31	0.22	0.59	
79	Z3	0.23	-0.50	-0.33	0.66	
80	Z4	-0.11	-0.45	-0.31	0.87	

⑦用Excel的VBA反覆操作梯度下降法。

輸入VBA程式碼，如下圖所示。

```
Sub Macro1()
  Sheets("BP").Select
  '將初始值複製到參數欄
  Range("C91:G110").Select
  Selection.Copy
  Range("C15:G34").Select
  Selection.PasteSpecial Paste:=xlPasteValues
  '梯度下降法
  For GradientDescent = 1 To Range("C5")

    Range("D5") = GradientDescent

    '更新梯度
    Range("C61:G80").Select
    Selection.Copy
    Range("C15:G34").Select
    Selection.PasteSpecial Paste:=xlPasteValues

  Next GradientDescent
End Sub
```

（註）關於VBA的使用方式，請參考附錄C。其中，變數GradientDescent是計算重複執行次數的變數名稱。

執行VBA

設定結束後，執行VBA程式（設定計算次數為500次）。因電腦性能、環境的差異，計算需要的時間也各有不同。計算出來的權重與閾值如次頁圖所示。

▲	A	B	C	D	E	F	G
13		權重…與閾值 θ					
14			隱藏層	w			θ
15			0.69	-0.43	-0.13	0.25	
16			-0.11	-0.04	0.26	-0.41	
17		H1	0.34	0.02	-0.37	0.07	
18			0.29	0.21	0.11	0.95	
19			0.34	0.25	1.44	1.50	0.57
20			0.46	0.98	2.84	1.77	
21			0.64	-2.08	-2.67	0.47	
22		H2	0.93	2.22	2.01	-0.50	
23			-0.48	-2.27	-0.11	-1.40	
24			-0.02	1.22	0.96	-4.06	2.55
25			-0.15	-0.20	0.57	-0.34	
26			0.24	0.69	1.78	2.06	
27		H3	0.46	-0.17	1.86	1.62	
28			0.33	0.32	1.70	0.73	
29			0.75	-2.20	-3.36	-1.02	1.21
30		輸出層	w			θ	
31		Z1	-0.34	-6.28	5.78	2.46	
32		Z2	-4.04	4.83	4.51	4.40	
33		Z3	1.92	-6.20	-6.18	-1.23	
34		Z4	-0.83	6.05	-6.43	2.33	
35						誤差E	1.16

VBA的執行結果

最後得到的目標函數 E 的值如下。

$$E = 1.16$$

這個數值相當小，表示這個建構完成後的神經網路可以有效地說明資料。

 memo **準備執行 VBA 用的按鈕**

使用 Excel 的巨集功能（也就是 VBA）時，建議要準備巨集按鈕。巨集按鈕的操作十分簡單，只要在 Excel 的工作表上插入一個圖形（物件），於圖形上按右鍵，選擇「指定巨集」，再依照指示操作，就可以建立一個巨集按鈕。以後只要按下這個按鈕，就可以執行巨集了。巨集的相關資訊請參考附錄C。

4 用Python體驗誤差反向傳播法

Python是常用的AI開發語言

Python是計算深度學習的參數時（也就是讓深度學習的神經網路學習時）使用的標準語言。本節就讓我們試著用Python來實現誤差反向傳播法吧。

用Python實現誤差反向傳播法

和前面一樣，以下將用§2提到的〔課題Ⅰ〕為例，說明誤差反向傳播法。

〔課題Ⅰ〕的內容在第4章中已有詳細解說。不過就像我們在§3中提到的，第4章用的神經網路，其「學習」的部分就像黑盒子一樣神祕。因為是用Excel內建、名為「規劃求解」的最佳化工具，自動計算出適當的權重與閾值。

本節我們將試著用Python實現誤差反向傳播法，自己計算出權重和閾值。

那麼，先讓我們確認一下〔課題Ⅰ〕的神經網路結構。

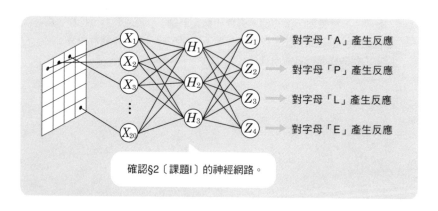

確認§2〔課題Ⅰ〕的神經網路。

Python是深度學習領域的標準語言

現在高中的電腦課程中，應該會接觸到程式語言才對。電腦課上應該會介紹各式各樣的語言吧。Python也是其中一個程式語言，雖然歷史尚淺，卻是開發深度學習系統時的標準語言。

Python之所以會在深度學習領域中成為標準使用語言，有以下幾個原因。

第一，處理資料時需要用到許多工具（也就是函式庫），而Python可以輕鬆整合這些程式。資料處理大多會依照一定的步驟進行。特別是深度學習的計算，都有一定的規則。Python可以將資料處理過程中會用到的所有工具整合起來，方便我們使用。

另一個原因是Python在開發上很好用。Python是直譯式語言，可以在輸入程式碼的同時，馬上發現程式碼的錯誤。所以程式人員可以一邊與程式互動，一邊開發程式。

實際用用看，應該就可以理解這些特徵了。本節就讓我們透過具體的例子了解Python厲害的地方。

（註）本書使用的環境是Windows 10上的Python。

確認 Python 安裝位置

　　要使用Python，必須先在電腦中安裝Python程式才行。其安裝方式列於本書的附錄F，請先確認好安裝路徑。

　　本書以標準安裝為前提，假設各位的安裝位置如下。

C:\Users*****\AppData\Local\Programs\Python\Python39

（註）這裡的「*****」是電腦的使用者名稱。安裝路徑不一定要和上面一樣，但如果各位不是選擇標準安裝，依照本節後面的內容操作時，請適當改變你的檔案路徑。另外，在Windows 10中，會將「Users」表示成「使用者」。

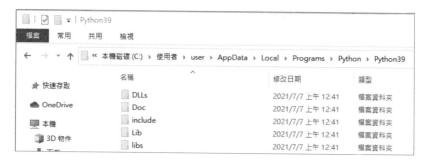

　　另外，為了簡化數學計算，還需要安裝數學計算工具numpy（附錄F）。numpy是Python準備的數學工具（即函式庫），安裝完numpy之後，就可以讓向量、矩陣等科學計算的操作變得更為簡便。

確認工作用檔案的存放位置

　　本節會用到訓練資料檔案、參數（權重與閾值）檔案、程式碼檔案等三種檔案。這些檔案必須存放在同一個資料夾中，請先確認這些檔案的存放位置。

　　存放位置在哪裡都可以，不過為了方便說明，本節的示範會直接把資料夾放在C硬碟底下（也就是所謂的根目錄），並將資料夾的名稱取為pytest。

　　程式碼的存放位置：C:\pytest

　　若作業系統為Windows 10，可參考下一張圖確認檔案存放位置。

訓練用資料的表現形式

接著要準備好第4章深度學習中使用的訓練資料。

這裡再複習一下。第4章中，我們用Excel訓練時，會將下圖左邊這種手寫字母「A」的圖像與正解，轉換成下圖右邊這種數值。

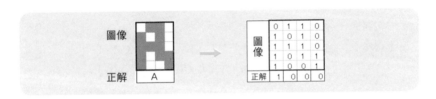

Python也可以用同樣的方式處理，但這樣使用的函數會過多。所以本節會將這個圖像用以下的形式表示。將原本的表格數字改寫成一列數字的形式。

（圖像）－1,0,1,1,0,1,0,1,0,1,1,1,0,1,0,1,1,1,0,0,1↵

（正解）1,0,0,0↵

要注意的是，表示圖像的數字陣列前面多了一個「－1」。這是為了簡化閾值計算的技巧，我們將在下一個段落中說明。

（註）「↵」是表示Enter的符號。並非要你真的輸入這個樣子的符號。

了解以上的說明後，請確認下一頁的〔問題〕。

〔問題1〕試用本節的方式，表示以下三個手寫字母 P、L、E 的圖像與正解標籤「P」、「L」、「E」。

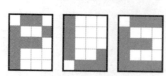

P、L、E 的手寫字母與正解標籤

（解）經第 4 章的 Excel 檔處理後，會轉變成下圖這種表格形式的數字。

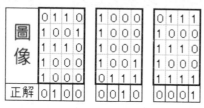

第 4 章的表現方式

本節會將字母表示成以下的形式。

（圖像）－1,0,1,1,0,1,0,1,0,1,1,1,0,1,0,1,1,1,0,0,1⏎

　　　　－1,0,1,1,0,1,0,0,1,1,1,1,0,1,0,0,0,1,0,0,0⏎

　　　　－1,1,0,0,0,1,0,0,0,1,0,0,0,1,0,0,1,0,1,1,1⏎

（正解）　1,0,0,0⏎

　　　　0,1,0,0⏎

　　　　0,0,1,0⏎

　　〔課題Ⅰ〕中有 128 張圖像與正解標籤，這些資料都需要轉換成上述這三張圖像與正解標籤的形式，才能用 Python 來訓練資料。

將訓練用資料表存在檔案中

　　經以上過程製作完成的圖像檔案與正解標籤等資料，需儲存起來，並命名如下。

　　chr_img.csv　…包含了所有圖像的檔案

　　teacher.csv　…包含了所有正解標籤的檔案

這兩個檔案需儲存在之前新增的工作用資料夾pytest，如下所示。

訓練圖像的儲存位置：C:\pytest\chr_img.csv　…（1）

正解標籤的儲存位置：C:\pytest\teacher.csv　…（2）

如果作業系統是Windows 10的話，儲存位置應如下圖所示。

隱藏層權重與閾值的初始值及其形式

使用誤差反向傳播法時，必須給定權重與閾值的初始值才行，另外還得決定如何計算權重及閾值，以及計算結果的形式。以下將介紹這些參數的計算方式。

第4章中，我們將權重與閾值表示如下。因為和圖像，也就是輸入層的配置相符，所以看起來很直觀。

隱藏層	w				θ
H1	0.84	0.02	0.52	0.27	
	0.25	0.14	0.30	0.53	
	0.93	0.47	0.20	0.58	
	0.82	0.00	0.37	0.75	
	0.85	0.03	0.81	0.97	0.28
H2	0.10	0.85	0.71	0.57	
	0.37	0.91	0.19	0.85	
	0.22	0.64	0.69	0.97	
	0.66	0.64	0.71	0.02	
	0.58	0.04	0.20	0.09	0.17
H3	0.63	0.46	0.55	0.29	
	0.60	0.65	0.71	0.01	
	0.95	0.14	0.69	0.83	
	0.50	0.05	0.70	0.78	
	0.86	0.04	0.13	0.06	0.55

沿用先前使用Excel時，隱藏層unit H_1、H_2、H_3 的權重 w 與閾值 θ 的表現方式（第4章§7，數值為初始值）。

Python的處理方式也一樣，不過因為使用的函數量比較多，所以這裡也要用一列數值來表示一個圖像，就和前面表現圖像的方式一樣。以

下數值來自前頁的表。

〈隱藏層的權重與閾值〉
H_1：**0.28**,0.84,0.02,0.52,0.27,0.25,0.14,⋯,0.85,0.03,0.81,0.97↵
H_2：**0.17**,0.10,0.85,0.71,0.57,0.37,0.91,⋯,0.58,0.04,0.20,0.09↵
H_3：**0.55**,0.63,0.46,0.55,0.29,0.60,0.65,⋯,0.86,0.04,0.13,0.06↵

請注意各列數字的第一個數字是粗體字。

第一個數字就是閾值。這種表現方式可以對應到前面表現圖像的方式，簡化「輸入線性總和」s 的計算。因為這樣我們就可以使用 Python 內建的「向量內積」工具來計算了。

接著讓我們透過以下的〔問題〕來確認前面的說明吧。

〔問題2〕試由以下圖像與正解「A」，求出隱藏層 H_1 的輸入線性總和 s_1^H。

手寫字母

圖像資料

隱藏層	w				θ
	0.84	0.02	0.52	0.27	
	0.25	0.14	0.30	0.53	
H1	0.93	0.47	0.20	0.58	
	0.82	0.00	0.37	0.75	
	0.85	0.03	0.81	0.97	0.28

權重與閾值（第4章 §7）

（解）圖像資料、權重與閾值可改用以下方式表示。

（圖像）－1,0,1,1,0,1,0,1,0,1,1,1,0,1,0,1,1,1,0,0,0,1↵ …（3）

（H_1 的閾值與權重）

0.28,0.84,0.02,0.52,0.27,0.25,0.14,⋯,0.85,0.03,0.81,0.97↵ …（4）

故輸入線性總和 s_1^H 可以用以下方式求得。

$$s_1^H = -1×0.28+0×0.84+1×0+1×0.02+⋯+0×0.81+1×0.97 = 6.17$$

也就是說，將（3）、（4）視為向量時，s_1^H 可視為兩個向量的內積。

如前所述，Python內建了許多資料處理工具。只要轉換成這種內積形式的計算，Python就能輕鬆解決。

輸出層權重與閾值的初始值及其形式

接著讓我們來看看輸出層 unit $Z_1 \sim Z_4$ 的權重與閾值的資料形式。

第4章中的權重與閾值表現方式如下。因為和隱藏層的輸出格式相符，所以用Excel處理起來相當容易。

輸出層	w			θ
Z1	0.59	0.16	0.61	0.79
Z2	0.83	0.19	0.71	0.08
Z3	0.80	0.08	0.24	0.09
Z4	0.56	0.21	0.35	0.19

沿用先前使用Excel時，輸出層unit $Z_1 \sim Z_4$ 的權重 w 與閾值 θ 的表現方式（第4章§7，數值為初始值）。

Python的處理方式也一樣，不過因為使用的函數量比較多，所以這裡也要用一列數值來表示一個圖像，就和前面表現圖像的方式一樣。以下數值來自上面的表。

〈輸出層的權重與閾值〉

Z_1：**0.79**,0.59,0.16,0.61↵

Z_2：**0.08**,0.83,0.19,0.71↵

Z_3：**0.09**,0.80,0.08,0.24↵

Z_4：**0.19**,0.56,0.21,0.35↵

這裡也請注意，各列數字的第一個數字是粗體字。第一個數字就是閾值。與式子（4）一樣，這種表現方式可以簡化「輸入線性總和」的計算，以「向量內積」來表示。

將權重與閾值的初始值保存在檔案內

將前述權重、閾值等資料的初始值存成以下檔案名稱。

wH.csv … 存放隱藏層權重與閾值的檔案 …（5）

wO.csv … 存放輸出層權重與閾值的檔案 …（6）

請將這兩個檔案存放在先前建立的工作用資料夾pytest中。

隱藏層權重與閾值的檔案路徑：C:\pytest\wH.csv

輸出層權重與閾值的檔案路徑：C:\pytest\wO.csv

Windows 10中的情況如下圖所示。

（5）、（6）的檔案

撰寫程式碼

　　至此我們便已完成了程式需要用到的資料，接著終於要開始撰寫程式碼了。程式碼如次頁所示，請使用記事本等文字處理軟體來輸入以下程式碼。

　　其中，每行程式碼最前方的「行編號：」是為了後面的說明而加上的編號，實際輸入程式碼時，不需加上這些編號。

```
01 : import numpy as np
02 :
03 : #step size
04 : mu0 = 0.05
05 :
06 : # data
07 : apple = np.loadtxt("c:\pytest\chr_img.csv", delimiter = ",")
08 : teacher = np.loadtxt("c:\pytest\teacher.csv", delimiter = ",")
09 :
10 : # initial weight and threshold
11 : wH = np.loadtxt("c:\pytest\wH.csv", delimiter = ",")
12 : wZ = np.loadtxt("c:\pytest\wO.csv", delimiter = ",")
13 : wZpure = wZ[0:4,1:4]
14 :
15 : n0 = 501      #iterations number
16 : n0_data = 128    #data size
17 :
18 : for j in range(n0):
19 :
20 :     gradient_wH = np.zeros((3, 21))
21 :     gradient_wZ = np.zeros((4, 4))
22 :     target = 0
23 :     for i in range(n0_data):
24 :
25 :       # Hidden layer
26 :       sH = np.dot(apple[i], wH.T)
27 :       h = np.reciprocal(1 + np.exp(-sH))
28 :
29 :       # Output layer
30 :       h1 = np.insert(h,0,-1)
```

```python
31 :        sZ = np.dot(h1, wZ.T)
32 :        z = np.reciprocal(1 + np.exp(-sZ))
33 :
34 :        #squae error
35 :        target += np.sum((teacher[i] - z)**2)
36 :
37 :        #delta
38 :        deltaZ = -(teacher[i]-z)*z*(1-z)
39 :        deltaH = np.dot(deltaZ, wZpure) * h * (1 - h)
40 :
41 :        #gradient
42 :        deltaH2 = deltaH.reshape(1,-1)
43 :        apple2 = apple[i].reshape(1,-1)
44 :        gradient_wH1 = np.dot(deltaH2.T, apple2)
45 :
46 :        deltaZ2 = deltaZ.reshape(1,-1)
47 :        h2 = h1.reshape(1,-1)
48 :        gradient_wZ1 = np.dot(deltaZ2.T, h2)
49 :
50 :        gradient_wH += gradient_wH1
51 :        gradient_wZ += gradient_wZ1
52 :
53 :    print("j = ",j,target)
54 :
55 :    #parameter update
56 :    wH -= mu0*gradient_wH
57 :    wZ -= mu0*gradient_wZ
58 :
59 : print(wH)
60 : print(wZ)
```

（註）程式碼中以 wZ 作為輸出層的權重與閾值的變數名稱。

下圖是用Windows 10的標準文字編輯文件「記事本」輸入以上程式碼的樣子。請確認每一行程式碼的最前面沒有行編號。

```
backpro - 記事本                                    —    □    ×
檔案(F) 編輯(E) 格式(O) 檢視(V) 說明
import numpy as np

#step size
mu0=0.05

# data
apple = np.loadtxt("c:\pytest\chr_img.csv",delimiter=",")
teacher = np.loadtxt("c:\pytest\teacher.csv",delimiter=",")

# initial parameter value
wH = np.loadtxt("c:\pytest\wH.csv",delimiter=",")
wZ = np.loadtxt("c:\pytest\w0.csv",delimiter=",")
wZpure = wZ[0:4,1:4]

n0=501          #iterations number
n0_data=128     #data size

for j in range(n0):

    gradient_wH = np.zeros((3, 21))
    gradient_wZ = np.zeros((4, 4))
```

以Windows 10內建的「記事本」輸入程式碼的範例。

memo 關於 Python 的計算「＋＝」、「－＝」

眾所皆知，許多程式語言會用到「＋＝」、「－＝」等符號，意思如下表。雖然有些雞婆，還請各位再確認一次。

符號	意思
$x += a$	$x = x + a$
$x -= a$	$x = x - a$

259

程式的解說

行編號	意義
01	匯入數值計算函式庫「numpy」，讓我們可以進行矩陣計算（numpy念作「nan-pai」）。
04	設定變數mu0，其為梯度下降法的步長η。
07	讀取預先準備好的圖像檔案（1），指定其為矩陣變數apple。
08	讀取預先準備好的正解檔案（2），指定其為矩陣變數teacher。
11	讀取預先準備好的隱藏層權重與閾值檔案（5），指定其為矩陣變數wH。
12	讀取預先準備好的輸出層權重與閾值檔案（6），指定其為矩陣變數wZ。
13	將矩陣變數wZ的閾值部分去除，僅保留權重部分的數值，指定為矩陣變數wZpure。
15	設定變數n0，其為梯度下降法的計算重複次數。
16	設定變數n0_data，其為訓練資料的大小（也就是圖像的張數）。
18	命令程式執行梯度下降法，執行次數為變數n0。
20	設定矩陣變數gradient_wH，其為隱藏層權重與閾值的梯度（gradient），初始值為0。
21	設定矩陣變數gradient_wZ，其為輸出層權重與閾值的梯度（gradient），初始值為0。
22	設定表示目標函數的變數target，初始值為0（進行梯度下降法時並不需要這個變數，設定這個變數是為了觀察計算進度）。
23	命令程式代入圖像資料計算，計算次數為訓練資料大小n0_data（也就是圖像的張數）。
26	計算隱藏層的「輸入線性總和」，指定其為矩陣變數sH。
27	計算隱藏層unit的輸出（使用Sigmoid函數），指定其為矩陣變數h。
30	將上述矩陣變數h的最前一行插入計算閾值用的-1，指定其為矩陣變數h1。
31	計算輸出層的「輸入線性總和」，指定其為矩陣變數sZ。
32	計算輸出層unit的輸出（使用Sigmoid函數），指定其為矩陣變數z。

35	將利用本圖像計算出來的誤差平方和，累加到表示目標函數的變數 target 上。
38	計算輸出層 unit 的誤差 δ，指定其為矩陣變數 deltaZ。
39	計算隱藏層 unit 的誤差 δ，指定其為矩陣變數 deltaH。
42	將變數 deltaH 的成分重組為單行，指定其為矩陣變數 deltaH2。
43	將第 i 個圖像資料 apple[i] 的成分重組為單行，指定其為矩陣變數 apple2。
44	計算隱藏層權重與閾值的梯度（gradient），指定其為矩陣變數 gradient_wH1。
46	將變數 deltaZ 的成分重組為單行，指定其為矩陣變數 deltaZ2。
47	將變數 h 的成分重組為單行，指定其為矩陣變數 h2。
48	計算輸出層權重與閾值的梯度（gradient），指定其為矩陣變數 gradient_wZ1。
50	將利用本圖像計算出來的隱藏層梯度，累加到矩陣變數 gradient_wH 上。
51	將利用本圖像計算出來的輸出層梯度，累加到矩陣變數 gradient_wZ 上。
53	列出目標函數 target 的數值，以觀察計算進度。
56	更新用來表示隱藏層權重與閾值的矩陣變數 wH。
57	更新用來表示輸出層權重與閾值的矩陣變數 wZ。
59	列出用來表示隱藏層權重與閾值之計算結果的矩陣變數 wH。
60	列出用來表示輸出層權重與閾值之計算結果的矩陣變數 wZ。

儲存程式碼

請將以上程式碼存成檔案。儲存位置為之前工作用的資料夾（資料夾名稱 pytest），檔名如下。

程式碼檔案名稱：backpro.py

請留意副檔名為 py。

此為 Windows
10環境。

嘗試執行程式

以下介紹在 Windows 10環境中執行 Python 程式的標準步驟。請依照以下的步驟試試。

① 開啟命令提示字元（CMD），將工作中的目錄設定為 Python 程式的儲存位置。請在「>」（prompt符號）的後面輸入以下的 CD 指令。

>CD C:\Users*****\AppData\Local\Programs\Python\Python39

（註）如同我們先前提到的，若以標準方式安裝 Python，那麼這裡就要依照預設的安裝路徑，指定在資料夾「Python39」內工作。

② 執行 Python 程式。請在「>」後面輸入程式檔案名稱，如下。

>python c:\pytest\backpro.py

下圖為輸入指令的例子。

這樣便能執行程式。透過誤差反向傳播法，學習到適當的「權重」與「閾值」。請參考下圖確認結果。

（註）§3中我們曾試著用Excel求出權重與閾值。請和這裡計算出來的數值比較，看看是否一致。

命令提示字元

```
j= 500 1.163566823369511
[[ 0.57284539  0.69354911 -0.43064168 -0.12721182  0.24609296 -0.10819714
  -0.03480381  0.26403507 -0.41206003  0.34063941  0.019494   -0.37273726
   0.07359642  0.28511589  0.20894341  0.11121378  0.94920166  0.3410653
   0.25236718  1.4439641   1.50303943]
 [ 2.54916149  0.46368875  0.97787617  2.84228354  1.76622391  0.63958415
  -2.08583884 -2.67431263  0.47315339  0.92616778  2.21901408  2.0148777
  -0.4993224  -0.48490295 -2.26666642 -0.11450193 -1.40249154 -0.02145804
   1.21871893  0.95929685 -4.05972233]
 [ 1.20743951 -0.14776298 -0.19862808  0.57423368 -0.33602344  0.23913406
   0.68564429  1.77891952  2.06240861  0.45788276 -0.17030061  1.86068702
   1.61997051  0.32694296  0.32155706  1.69648053  0.72721142  0.75380828
  -2.20098886 -3.35933302 -1.02324358]]
[[ 2.45768309 -0.34111803 -6.28146295  5.78594214]
 [ 4.4040547  -4.04742198  4.82832488  4.51180616]
 [-1.232769    1.92045089 -6.20129202 -6.18645049]
 [ 2.33286535 -0.82734169  6.0515592  -6.43368047]]

C:\Users\user\AppData\Local\Programs\Python\Python39>
```

memo 儲存計算結果

在Python程式碼的第61行與第62行加上以下的程式碼，便可將權重與閾值的計算結果儲存成檔案。

61：np.savetxt（"C:\pytest\wH_result.txt",wH）

62：np.savetxt（"C:\pytest\wO_result.txt",wZ）

（註）此程式碼會將檔案儲存在與程式碼相同的資料夾內。儲存隱藏層權重與閾值的檔名為wH_result.txt，儲存輸出層權重與閾值的檔名為wO_result.txt。

附錄

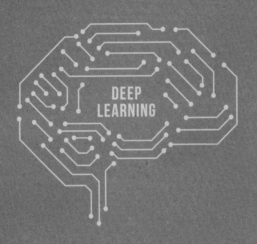

DEEP
LEARNING

附錄 A. 本書使用的訓練資料（Ⅰ）

以下列出第4章〔課題Ⅰ〕所使用的訓練資料。

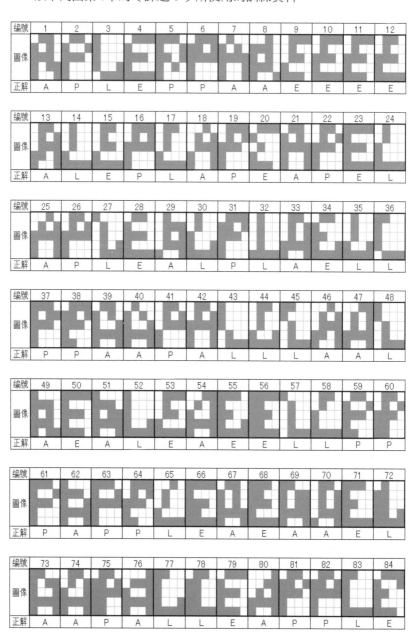

編號	1	2	3	4	5	6	7	8	9	10	11	12
正解	A	P	L	E	P	P	A	A	E	E	E	E

編號	13	14	15	16	17	18	19	20	21	22	23	24
正解	A	L	E	P	L	A	P	E	A	P	E	L

編號	25	26	27	28	29	30	31	32	33	34	35	36
正解	A	P	L	E	A	L	P	L	A	E	L	L

編號	37	38	39	40	41	42	43	44	45	46	47	48
正解	P	P	A	A	P	A	L	L	L	A	A	L

編號	49	50	51	52	53	54	55	56	57	58	59	60
正解	A	E	A	L	E	A	E	E	L	L	P	P

編號	61	62	63	64	65	66	67	68	69	70	71	72
正解	P	A	P	P	L	E	A	E	A	A	E	L

編號	73	74	75	76	77	78	79	80	81	82	83	84
正解	A	A	P	A	L	L	E	A	P	P	L	E

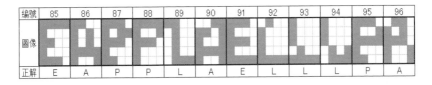

編號	85	86	87	88	89	90	91	92	93	94	95	96
圖像												
正解	E	A	P	P	L	A	E	L	L	L	P	A

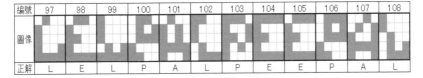

編號	97	98	99	100	101	102	103	104	105	106	107	108
圖像												
正解	L	E	L	P	A	L	P	E	E	P	A	L

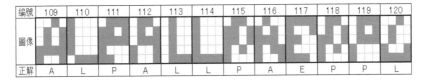

編號	109	110	111	112	113	114	115	116	117	118	119	120
圖像												
正解	A	L	P	A	L	L	L	P	A	E	P	P

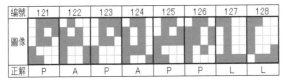

編號	121	122	123	124	125	126	127	128
圖像								
正解	P	A	P	A	P	P	L	L

（註）套有陰影的像素為1，沒有陰影的像素為0。

附錄 B. 本書使用的訓練資料（Ⅱ）

以下列出第5章的〔課題Ⅱ〕所使用的訓練資料。

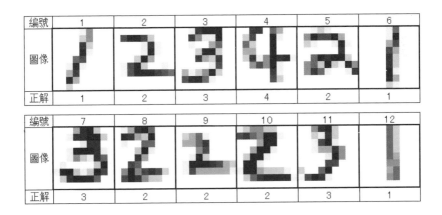

編號	1	2	3	4	5	6
圖像						
正解	1	2	3	4	2	1

編號	7	8	9	10	11	12
圖像						
正解	3	2	2	2	3	1

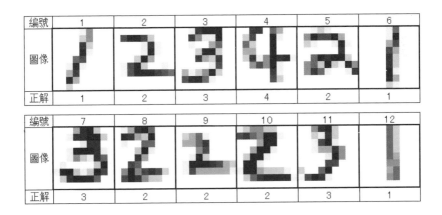

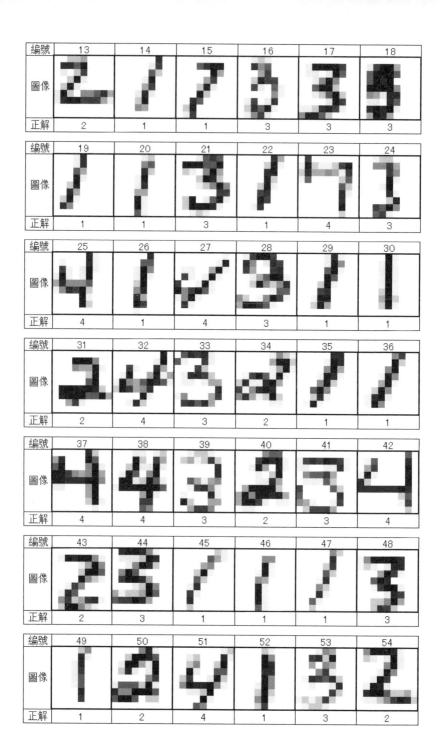

編號	13	14	15	16	17	18
圖像						
正解	2	1	1	3	3	3

編號	19	20	21	22	23	24
圖像						
正解	1	1	3	1	4	3

編號	25	26	27	28	29	30
圖像						
正解	4	1	4	3	1	1

編號	31	32	33	34	35	36
圖像						
正解	2	4	3	2	1	1

編號	37	38	39	40	41	42
圖像						
正解	4	4	3	2	3	4

編號	43	44	45	46	47	48
圖像						
正解	2	3	1	1	1	3

編號	49	50	51	52	53	54
圖像						
正解	1	2	4	1	3	2

編號	55	56	57	58	59	60
圖像						
正解	2	4	4	3	2	2

編號	61	62	63	64	65	66
圖像						
正解	1	1	1	1	3	4

編號	67	68	69	70	71	72
圖像						
正解	2	4	3	2	3	2

編號	73	74	75	76	77	78
圖像						
正解	1	3	4	4	2	2

編號	79	80	81	82	83	84
圖像						
正解	3	3	1	4	4	2

編號	85	86	87	88	89	90
圖像						
正解	4	4	3	2	3	2

編號	91	92	93	94	95	96
圖像						
正解	2	3	2	2	1	3

編號	97	98	99	100	101	102
圖像						
正解	3	4	3	4	4	2

編號	103	104	105	106	107	108
圖像						
正解	1	2	2	4	3	1

編號	109	110	111	112	113	114
圖像						
正解	4	3	1	1	2	4

編號	115	116	117	118	119	120
圖像						
正解	3	4	4	2	3	4

編號	121	122	123	124	125	126
圖像						
正解	4	4	3	4	2	4

編號	127	128	129	130	131	132
圖像						
正解	2	4	3	4	3	3

編號	133	134	135	136	137	138
圖像						
正解	1	1	1	2	2	3

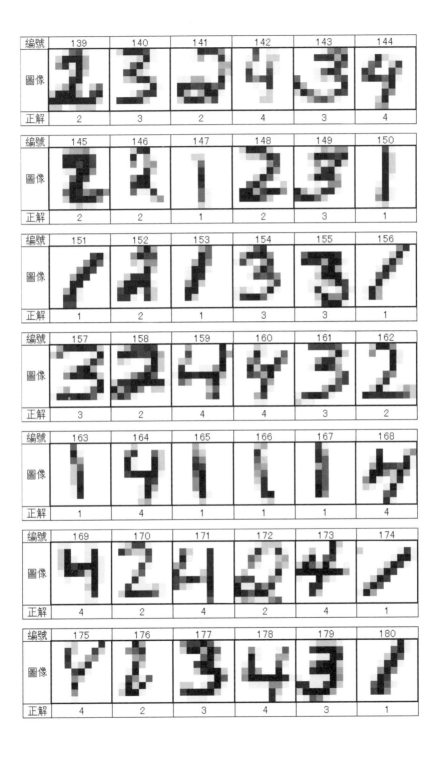

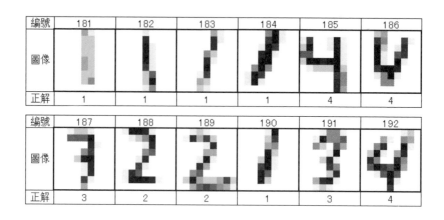

編號	181	182	183	184	185	186
圖像						
正解	1	1	1	1	4	4

編號	187	188	189	190	191	192
圖像						
正解	3	2	2	1	3	4

附錄 C.　VBA的使用方式

　　Excel內建的VBA（Visual Basic for Applications）是將Excel操作自動化的程式語言。有時候也會將這個功能直接稱為VBA。VBA的編寫與操作十分簡單，所以被應用在許多方面上。本書便是用VBA來計算第7章的誤差反向傳播法。

　　接著就讓我們來看看Excel VBA的使用方式吧。

（註）本書使用的是Excel 2016的VBA。不過Excel 2011以後的版本中，VBA的使用方式並沒有太大的改變。另外，因安全性設定的差異，電腦可能會無法執行VBA。這時候請依照微軟公司的指示進行設定。

■如何輸入VBA程式碼

　　首先要介紹的是如何呼叫VBA功能。在「檢視」標籤下選擇「巨集」，然後選擇「檢視巨集」。

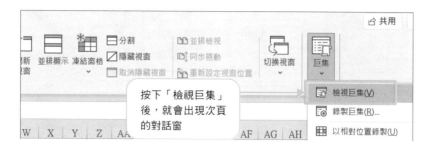

按下「檢視巨集」後，就會出現次頁的對話窗

　　接著會出現「檢視巨集」的對話窗，請輸入適當的巨集名稱。下圖

輸入的是「Macro1」。

按下
「建立」鈕

按下「建立」鈕後,就會出現以下「編輯巨集」的畫面,可以開始
輸入巨集程式碼。

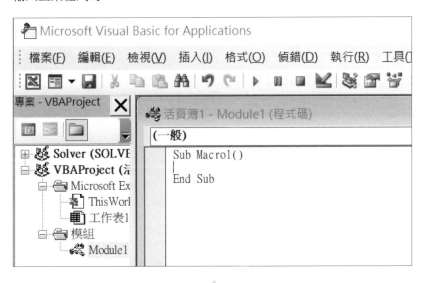

VBA的編輯視窗。可像一般文字編輯器一樣輸入程式碼。

接著請在這個「編輯巨集」的視窗中,「Sub Macro1()」的下一行
開始輸入第7章§3的程式碼,如次頁所示。

（註）輸入程式碼之後不需要「儲存」。因為在關閉Excel時，會自動保存這些內容。

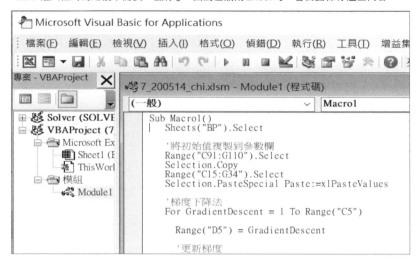

輸入第7章§3（P246）誤差反向傳播法程式碼的畫面。

■如何執行VBA

在「巨集編輯」的視窗中，按下工具列中的「執行」，然後點選「執行Sub或UserForm」，程式便會開始執行。

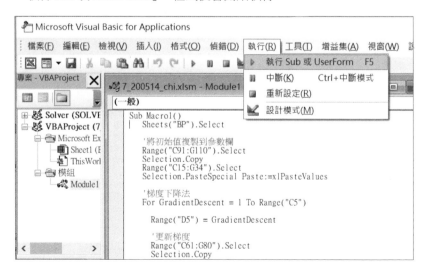

另外，在前一個段落「■如何輸入VBA程式碼」中，在「檢視巨集」的對話窗按下「執行」鈕，也會開始執行程式。

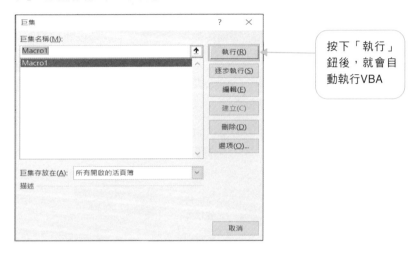

按下「執行」鈕後，就會自動執行VBA

■指定巨集

在第7章§3中也有提到，如果要建立VBA的話，建議新設按鈕並指定巨集。在工作表上新增一個適當的圖形，然後按右鍵，選擇「指定巨集」，如右圖所示。選擇之後再依照指示設定，就可以完成一個巨集按鈕了。之後只要點這個按鈕，就會執行巨集。

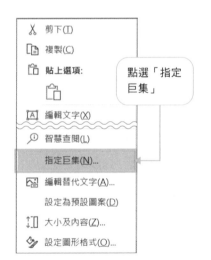

點選「指定巨集」

附錄 D. 新增規劃求解功能

Excel增益集的功能「規劃求解」，是本書計算過程中的強力幫手。使用這個擴充功能時，不需要用到複雜的數學，就可以理解卷積神經網路的數學機制。

不過，如果是新的電腦，Excel可能就還沒安裝規劃求解的功能。請點選「資料」標籤，確認有沒有「規劃求解」的功能。

擴充的規劃求解功能

若找不到「規劃求解」功能，就必須安裝這個功能才行。請依照以下步驟進行。

（註）此為 Excel 2013、2016版本。

① 請點選「檔案」標籤的「選項」（右圖）。

② 此時會開啟「Excel選項」視窗，請選擇左欄的「增益集」。再於下方選單中選擇「Excel 增益集」，按下「設定」鈕。

選擇「選項」

③ 打開「增益集」的視窗，核取「規劃求解」，然後點選「確定」鈕。

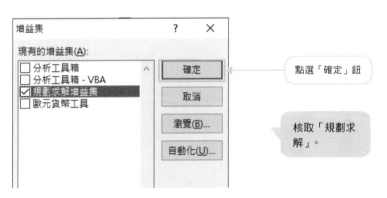

④ 接著就會自動開始進行安裝作業。安裝成功後，②的視窗中就會新增
　規劃求解增益集的項目，如次頁圖所示。

經過以上步驟後，就可以開始使用規劃求解了。

附錄E. 在Windows 10使用命令提示字元的方法

我們可以在「**命令提示字元**」的環境下，用鍵盤輸入指令，操作Windows 10。以下將介紹如何使用這個功能。

■使用命令提示字元

在Windows 10的作業系統中，使用Python的標準方式是透過Windows 10內建的命令提示字元來操作。

要使用命令提示字元，請在Windows 10畫面中點選「開始」，然後選擇「Windows系統」→「命令提示字元」。

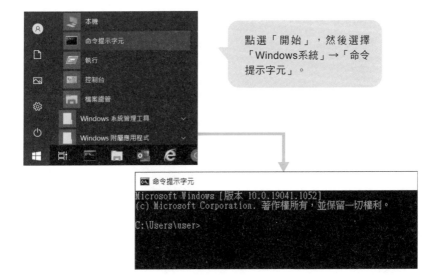

點選「開始」，然後選擇「Windows系統」→「命令提示字元」。

如圖所示，命令提示字元最後為prompt符號「>」，我們可在「>」的後面輸入指令。

■兩個必要指令

操作命令提示字元時，必須用鍵盤輸入指令。而在使用Python時，需使用以下兩個與目錄（directory）有關的指令，請把它們記下來。這裡的「目錄」可以想成是Windows 10的「資料夾」。

指令名稱	意義
CD	由Change Directory的首字母組成的指令,可改變所在目錄。
DIR	由Directory的首三個字母組成的指令,可顯示目前所在目錄有哪些檔案。

(註)指令使用大小寫字母皆可。

■比較命令提示字元與Windows 10的顯示方式

為了習慣命令提示字元的操作,讓我們試著實際用鍵盤輸入指令吧。

以Python的安裝路徑為例。

若要在Windows 10環境下,確認以標準流程安裝完的Python路徑,只要開啟相關資料夾就可以了。如下所示。

讓我們試著用命令提示字元來開這個資料夾。

要「打開」這個資料夾時,需要用到CD指令,如下所示。

>CD C:\Users*****\AppData\Local\Programs\Python

其實就是將上圖位址列中的各資料夾名稱依序輸入就可以了。

(註)指令中的「Users」在Windows 10的位址列中顯示為「使用者」。

出現下一頁的圖時,就表示已順利打開資料夾。

```
C:\ 命令提示字元

Microsoft Windows [版本 10.0.19041.1052]
(c) Microsoft Corporation. 著作權所有，並保留一切權利。

C:\Users\user>CD C:\Users\user\AppData\Local\Programs\Python

C:\Users\user\AppData\Local\Programs\Python>
```

在資料夾中輸入 DIR 指令，如下所示。

```
C:\Users\user\AppData\Local\Programs\Python>DIR
 磁碟區 C 中的磁碟沒有標籤。
 磁碟區序號： ECF8-C2A6

 C:\Users\user\AppData\Local\Programs\Python 的目錄

2021/07/07  上午 12:41    <DIR>          .
2021/07/07  上午 12:41    <DIR>          ..
2021/07/07  上午 12:41    <DIR>          Python39
              0 個檔案                  0 位元組
              3 個目錄  349,758,574,592 位元組可用

C:\Users\user\AppData\Local\Programs\Python>
```

上圖顯示的資訊，就和前頁中用 Windows 10 檢視資料時得到的資訊相同。

（註）請將以上圖片中的 user 代換成使用者名稱。

附錄 F. **Python 的安裝方法**

使用者必須在 Python 開發團隊的官方首頁下載相關程式，才可以使用 Python。標準的安裝步驟十分簡單，而在安裝完主程式後，也將介紹如何安裝好用的數學計算函式庫 numpy。

（註）本段落為了簡化說明，將目錄（Directory）與資料夾（Folder）視為同義詞。

■ 安裝 Python

接著要示範如何在 Windows 10 中安裝 Python。以下將以標準安裝為前提，說明如何進行各個安裝步驟。

（註）假設系統為 64 位元版的 Windows 10。

① 前往Python的官方網站（https://www.python.org/）。

https://www.python.org/

點選此處的「Downloads」。

② 進入「Downloads」的網頁（https://www.python.org/downloads/）
後，（若無特殊情況）便可下載最新版本的Python。

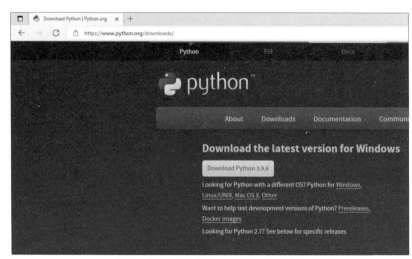

https://www.python.org/downloads/

之後請照著Python的指示安裝。請依照標準安裝過程，安裝在預
設路徑上。這樣便完成了Python的安裝。

Windows 10的預設安裝路徑（標準安裝）。

■安裝 numpy

numpy（念作 nun-pai）是 Python 的一個函式庫，有許多方便的數學計算函數。接著就來看看如何安裝 numpy。

安裝 numpy 時會用到命令提示字元（附錄 E）。請先打開命令提示字元的畫面，然後依以下步驟操作。

① 打開要安裝 numpy 的資料夾。

用 CD 指令打開以下資料夾（附錄 E）。

CD C:\Users*****\AppData\Local\Programs\Python\Python39\
Scripts

② 輸入 pip 指令並執行，如下所示。

> pip install numpy

接著就會像下圖一樣，開始進行安裝作業。

```
命令提示字元
(c) Microsoft Corporation. 著作權所有，並保留一切權利。

C:\Users\user>cd C:\Users\user\AppData\Local\Programs\Python\Python39\Scripts

C:\Users\user\AppData\Local\Programs\Python\Python39\Scripts>pip install numpy
Collecting numpy
  Downloading numpy-1.21.0-cp39-cp39-win_amd64.whl (14.0 MB)
     |████████████████████████████████|  14.0 MB 2.2 MB/s
Installing collected packages: numpy
  WARNING: The script f2py.exe is installed in 'c:\users\user\appdata\local\p
ch is not on PATH.
```

（註）請將前面的文字中的 ***** 代換為使用者名稱。

■目錄與資料夾

安裝軟體的時候常會用到「目錄」（directory）這個詞，一般的意義為「名單」、「通訊錄」，不過在安裝軟體時，可以理解成「資料夾」。我們在附錄E中也有提過這點。

順帶一提，如同我們前面提到的，①中使用的CD指令為Change Directory的首字母縮寫，意為「改變目錄」。但如果解釋成「改變資料夾」的話，對Windows世代的使用者來說應該比較好理解吧。

memo　移除舊版 Python 的方法

　　若已經安裝舊版 Python，建議將其刪除（uninstall）。在 Windows 10中，請依照以下步驟移除舊版 Python。

　　開始鈕→「設定」→「應用程式」

　　接著從應用程式一覽中，選擇舊版 Python，點選後便可執行「解除安裝」作業。

選擇「設定」

點選開始鈕→設定→應用程式。

刪除舊版Python

附錄 G.　微分的基礎知識

　　機器學習會「自行學習」，這件事在數學上就是必須計算出適當的模型參數，建構出能夠解釋訓練資料的模型。而微分計算在建構模型的過程中是不可或缺的計算技巧。以下介紹將省略微分理論的細節，僅簡要說明本書會用到的公式與定理。

（註）本書用到的函數皆為充分平滑的函數。

■微分的定義與意義

　　函數 $y = f(x)$ 的導函數 $f'(x)$ 定義如下。

$$f'(x) = \lim_{\Delta x \to 0} \frac{f(x + \Delta x) - f(x)}{\Delta x} \quad \cdots (1)$$

（註）Δ 讀作 delta，是一個希臘字母，相當於英文字母的D。另外，在函數或變數右上方加上 '（prime 符號）時，代表該函數或變數的導函數。

　　$\lim_{\Delta x \to 0}$（Δx 的式子）的意義如下：

　　「當 Δx 無限趨近於0時，（Δx 的式子）會趨近於哪個數值。」

　　計算給定函數 $f(x)$ 的導函數 $f'(x)$ 時，稱為「將函數 $f(x)$ 微分」。

　　式子（1）中將函數 $y = f(x)$ 的導函數表示為 $f'(x)$，不過我們也可以將微分表示成分數形式如下。

$$f'(x) = \frac{dy}{dx}$$

■機器學習中常出現的函數的微分公式

　　一般來說，我們很少會用定義式（1）來求算導函數，而是會直接使用公式來計算。以下為計算神經網路參數時會用到的微分公式（設 x 為變數，c 為常數）。

$$(c)' = 0 \,、\, (x)' = 1 \,、\, (x^2)' = 2x \,、\, (e^x)' = e^x \quad \cdots (2)$$

　　Sigmod 函數是神經網路領域中相當重要的函數，接著要介紹的是

它的微分公式。Sigmoid 函數 σ(x) 的定義如下（→第3章§1）。

$$\sigma(x) = \frac{1}{1+e^{-x}}$$

這個函數的微分會滿足以下公式。

$$\sigma'(x) = \sigma(x)\{(1-\sigma(x)\} \cdots (3)$$

若能善用這個公式，就算沒有實際進行微分，也可以用 Sigmoid 函數值 σ(x) 來表示它的導函數。

（註）證明時需要用到分數函數的微分公式。

■微分的性質

以下公式可以幫助我們進行微分計算，其中 c 為常數。

$$\{f(x)+g(x)\}= f'(x) + g'(x) \text{、} \{cf(x)\}'= cf'(x) \cdots (4)$$

（註）稍加變化後，可以得到 $\{f(x)-g(x)\}'=f'(x)-g'(x)$ 這個公式。

這個公式（4），稱為微分的線性。

在誤差反向傳播法中，「微分的線性」十分重要。

（例1） $z = (2-y)^2$（y 為變數）時

$z' = (4-4y+y^2)' = (4)'-4(y)'+(y^2)' =0-4+2y=-4+2y$

■多變數函數

在機器學習的過程中需要計算數十萬個變數。以下就來介紹處理這種函數時會用到的多變數微分。

式子（1）～（4）皆假設函數只有一個獨立變數。這種只有一個變數的函數叫做單變數函數。

單變數函數 $y = f(x)$ 中，x 叫做自變數，y 叫做應變數。

再來，試考慮有兩個以上獨立變數的函數。這種有兩個以上獨立變數的函數稱為多變數函數。

（例2） $z = x^2+y^2$ 是一個多變數函數，其中 x、y 為自變數，z 為應變數。要將多變數函數視覺化並不是件容易的事。不過，若能理解單變數的情況，就不難理解作為其延伸的多變數函數了。

另外，我們會用 $f(x)$ 之類的符號來表示單變數函數。多變數函數也會用類似的形式寫成以下的樣子。

（例3） $f(x, y)$ …有兩個自變數 x、y 的多變數函數

（例4） $f(x_1, x_2, \cdots, x_n)$ … 有 n 個自變數 $x_1, x_2, \cdots, x_n$ 的多變數函數

■多變數函數與偏微分

微分也適用於多變數函數。不過，當有多個變數時，必須明示要對哪個變數微分。這種對特定變數微分的過程，稱為偏微分。

舉例來說，試考慮有兩個變數 x、y 的函數 $z = f(x, y)$。若**只關注變數 x，並假設 y 為常數，這種微分就叫做「對 x 偏微分」**，用以下符號表示。

$$\frac{\partial z}{\partial x} = \frac{\partial f(x, y)}{\partial x} = \lim_{\Delta x \to 0} \frac{f(x + \Delta x, y) - f(x, y)}{\Delta x}$$

對 y 偏微分也是一樣的道理。

$$\frac{\partial z}{\partial y} = \frac{\partial f(x, y)}{\partial y} = \lim_{\Delta y \to 0} \frac{f(x, y + \Delta y) - f(x, y)}{\Delta y}$$

偏微分是建構神經網路模型時常用的計算方法，以下是一個偏微分的例子。

（例5） 令 $z = wx + b$，則 $\dfrac{\partial z}{\partial x} = w$、$\dfrac{\partial z}{\partial w} = x$、$\dfrac{\partial z}{\partial b} = 1$

■合成函數

設一函數為 $y = f(u)$，而這個 u 可表示成 $u = g(x)$，則 y 可表示為 x 的函數 $y = f(g(x))$（這裡的 u 或 x 也可以代表多個變數）。此時稱**函數 $f(g(x))$ 為函數 $f(u)$ 與 $g(x)$ 的**合成函數。

（例6） 函數 $e = (1-z)^2$ 可以視為函數 $u = 1-z$ 與函數 $e = u^2$ 的合成函數。

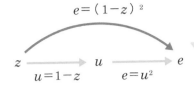

$$e = (1-z)^2$$

$z \longrightarrow u \longrightarrow e$

$u = 1-z \qquad e = u^2$

函數 $e=(1-z)^2$ 為函數 $u=1-z$ 與函數 $e=u^2$ 的合成函數。另外，這個例子可以應用在誤差平方和的計算。

（例7） 設激勵函數 $a(x)$ 有多個輸入 x_1、x_2、$\cdots$、x_n，該 unit 的輸出 y 可表示如下（第4章）。

$$y = a(w_1 x_1 + w_2 x_2 + \cdots + w_n x_n - \theta)$$

其中 w_1、w_2、$\cdots$、w_n 為各輸入的權重，θ 為閾值。這個函數 y 可視為 w_1、w_2、$\cdots$、w_n 的一次函數 f，以及激勵函數 a 的合成函數。

$$\begin{cases} s = f(w_1, w_2, \cdots, w_n) = w_1 x_1 + w_2 x_2 + \cdots + w_n x_n - \theta \\ y = a(s) \end{cases}$$

加權輸入總和 　　　　　　　　　輸出

w_1、w_2、$\cdots$、$w_n \longrightarrow$ $\begin{aligned} s &= f(w_1, w_2, \cdots, w_n) \\ &= w_1 x_1 + w_2 x_2 + \cdots + w_n x_n - \theta \end{aligned}$ $\longrightarrow y = a(s)$

■連鎖律

先來看看單一變數的連鎖律。

設一函數為 $y = f(u)$，而 u 可寫成函數 $u = g(x)$，則合成函數 $f(g(x))$ 的導函數可表示如下。

$$\frac{dy}{dx} = \frac{dy}{du}\frac{du}{dx} \quad \cdots (5)$$

這是單變數函數的**合成函數的微分公式**。連鎖律又可稱為**連鎖法則（chain rule）**，本書使用的是連鎖律這個名稱。

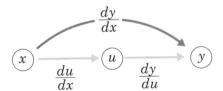

$$\frac{dy}{dx}$$

$\textcircled{x} \longrightarrow \textcircled{u} \longrightarrow \textcircled{y}$

$\dfrac{du}{dx} \qquad \dfrac{dy}{du}$

單變數的連鎖律
微分可以用類似分數的方式計算。

請看公式（5）的等號右邊部分，若將 dx、dy、du 分別視為單一變數，那麼將等號右邊約分後就可以得到等號左邊的樣子。這種概念恆成立。當我們用 dx、dy 來表示微分時，**「合成函數的微分就相當於分數的約分」**，只要記得這點就好。

（例8） 試將（例1）的函數 $z=(2-y)^2$ 對 y 微分。

令 $z=u^2$、$u=2-y$，可得：

$$\frac{dz}{dy} = \frac{dz}{du}\,\frac{du}{dy} = 2u\cdot(-1) = -2(2-y) = -4+2y$$

單變數函數的連鎖律可直接套用在多變數函數中。只要把微分式變形成分數的樣子就行了。不過使用連鎖律時必須考慮所有相關的變數才行，在多變數函數中操作起來並不容易。以雙變數函數為例公式如下。

> 設變數 z 為 u、v 的函數，u、v 分別是 x、y 的函數，那麼 z 便可寫成 x、y 的函數。此時以下公式（**多變數的連鎖律**）會成立。
>
> $$\frac{\partial z}{\partial x} = \frac{\partial z}{\partial u}\,\frac{\partial u}{\partial x} + \frac{\partial z}{\partial v}\,\frac{\partial v}{\partial x} \quad \cdots (6)$$

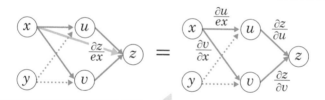

> 設變數 z 為 u、v 的函數，u、v 分別是 x、y 的函數，那麼當 z 對 x 微分時，必須考慮所有 x 到 z 的途徑，將它們的微分相乘後相加，才會得到 z 對 x 的微分。

以上說明在三變數以上的情況也適用。

〔問題〕設 e 為 x、y、z 的函數，關係式可表示如下。

$$e = u^2+v^2+w^2$$

$$u = a_1 x + b_1 y + c_1 z \text{、} v = a_2 x + b_2 y + c_2 z \text{、} w = a_3 x + b_3 y + c_3 z$$

$$(a_i \text{、} b_i \text{、} c_i \ (i=1,2,3) \text{ 為常數})$$

試求 $\dfrac{\partial e}{\partial x}$。

（解）由連鎖律可以得到以下式子。

$$\frac{\partial e}{\partial x} = \frac{\partial e}{\partial u} \frac{\partial u}{\partial x} + \frac{\partial e}{\partial v} \frac{\partial v}{\partial x} + \frac{\partial e}{\partial w} \frac{\partial w}{\partial x}$$

$$= 2u \cdot a_1 + 2v \cdot a_2 + 2w \cdot a_3$$

$$= 2a_1(a_1x + b_1y + c_1z) + 2a_2(a_2x + b_2y + c_2z) + 2a_3(a_3x + b_3y + c_3z)$$

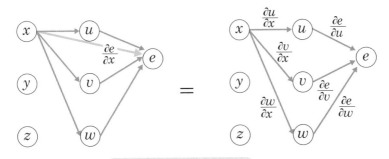

〔問題〕的變數彼此間的關係。

（解答結束）

附錄 H.　多變數函數的近似公式與梯度

梯度下降法是最佳化模型時的代表性方法，而「多變數函數的近似公式」可以幫助我們了解梯度下降法。

■單變數函數的近似公式

先來看看單變數函數 $y = f(x)$ 的情形吧。

對於函數 $y = f(x)$ 來說，當 x 有小小的變化時，y 的變化量可寫成 $f'(x)$。讓我們來看看導函數 $f'(x)$ 的定義式（附錄 G 的式子（1））。

$$f'(x) = \lim_{\Delta x \to 0} \frac{f(x + \Delta x) - f(x)}{\Delta x} \quad （附錄 G 的式子（1））$$

在這個定義式中，Δx 是「無限趨近於 0 的數」。不過，既然函數十分平滑，那麼把「無限趨近於 0 的數」換成「接近 0 的數」也不會有太大的差別。

$$f'(x) \fallingdotseq \frac{f(x + \Delta x) - f(x)}{\Delta x}$$

經過這樣的變形之後，可以得到單變數函數的近似公式如下。

$$f(x+\Delta x) \fallingdotseq f(x)+f'(x)\Delta x \quad （\Delta x 是接近0的數）\cdots （1）$$

〔問題1〕設 $f(x)$ e^x，試求出 $x=0$ 時的近似公式。

（解）將指數函數的微分公式（e^x）$'=e^x$ 代入（1），

$$e^{x+\Delta x} \fallingdotseq e^x+e^x\Delta x \quad （\Delta x 是接近0的數）$$

設 $x=0$，計算後再將 Δx 換成 x，可以得到：

$$e^x \fallingdotseq 1+x \quad （x 是接近0的數）$$ （解答結束）

■雙變數函數的近似公式

接著讓我們將單變數函數的近似公式（1）推廣到雙變數的情況。當 x、y 有小小的變化時，平滑的函數 $z=f(x,y)$ 會如何變化呢？由式子（1）應該不難想像推廣到雙變數情況時的樣子。設 Δx、Δy 是接近0的數，那麼以下式子會成立。

$$f(x+\Delta x,y+\Delta y) \fallingdotseq f(x,y)+\frac{\partial f(x,y)}{\partial x}\Delta x+\frac{\partial f(x,y)}{\partial y}\Delta y \cdots （2）$$

〔問題2〕當 $z=e^{x+y}$ 時，試計算 $x=y=0$ 的近似公式。

（解）指數函數的微分公式為（e^x）$'=e^x$，運用連鎖律可以得到：

$$\frac{\partial z}{\partial x}=\frac{\partial z}{\partial y}=e^{x+y}$$

套入公式（2）可以得到：

$$e^{x+\Delta x+y+\Delta y} \fallingdotseq e^{x+y}+e^{x+y}\Delta x+e^{x+y}\Delta y \quad （\Delta x、\Delta y 是接近0的數）$$

設 $x=y=0$，計算後再將 Δx 換成 x、Δy 換成 y，可以得到：

$$e^{x+y} \fallingdotseq 1+x+y \quad （x、y 是接近0的數）$$ （解答結束）

■多變數函數的近似公式

接著讓我們試著用較簡潔的方式來表示近似公式（2）吧。首先定義 Δz 如下。

$$\Delta z = f(x + \Delta x, y + \Delta y) - f(x, y)$$

當 x、y 分別改變 Δx、Δy 時，函數 $z = f(x, y)$ 的變化可表示如上。這時候我們可以透過近似公式（2），將上式表示成較為簡潔的樣子如下。

$$\Delta z \doteqdot \frac{\partial z}{\partial x} \Delta x + \frac{\partial z}{\partial y} \Delta y \cdots (3)$$

改以這種方式表示時，近似公式（2）的推廣就變得相當簡單。舉例來說，設變數 z 是有 n 個變數 x_1、x_2、…、x_n 的函數 $z = f(x_1, x_2, \cdots, x_n)$。此時：

$$\Delta z = f(x_1 + \Delta x_1, x_2 + \Delta x_2, \cdots, x_n + \Delta x_n) - f(x_1, x_2, \cdots, x_n)$$

可改寫成以下的近似公式。

$$\Delta z \doteqdot \frac{\partial z}{\partial x_1} \Delta x_1 + \frac{\partial z}{\partial x_2} \Delta x_2 + \cdots + \frac{\partial z}{\partial x_n} \Delta x_n \cdots (4)$$

第 7 章 §1 中解說梯度下降法時，就是使用這個公式（3）、（4）。

■多變數函數的近似公式與向量

試考慮以下向量。

$$\boldsymbol{p} = \left(\frac{\partial z}{\partial x_1}, \frac{\partial z}{\partial x_2}, \cdots, \frac{\partial z}{\partial x_n} \right) \text{、} \boldsymbol{q} = (\Delta x_1, \Delta x_2, \cdots, \Delta x_n) \cdots (5)$$

使用這些向量，可以將近似公式（4）改寫成以下形式。

$$\Delta z \doteqdot \boldsymbol{p} \cdot \boldsymbol{q}$$

本式中，等號右邊為兩個向量（5）的內積。這個式子是梯度下降法的起點。如同我們在第 7 章 §1 中介紹的，向量 $\boldsymbol{p}$ 就是所謂的梯度。

順帶一提，這個用來表示梯度的向量，也可以寫成以下的形式（第 7 章）。

$$\boldsymbol{p} = \nabla f$$

符號 ∇ 讀作「nabla」。在電磁學、應用數學的領域中，很常用到這個符號。

附錄 I. 卷積在數學上的意義

接著要介紹的是卷積神經網路中,「卷積」的意義。

■輸入線性總和與激勵函數的關係

第5章中有提到以下敘述。

「隱藏層unit的輸出,代表區塊含有多少『過濾器 k 的樣式』,即樣式的佔比。」

「若手寫數字圖像中,含有與這些過濾器樣式一致的樣式,就會計算出較大的『輸入線性總和』,使『特徵圖』中的對應數值特別大。」

用這種直觀的方式理解卷積神經網路並不會有什麼問題,不過這裡讓我們用數學的方式再說明一次,並以第5章§1提到的〔課題II〕作為例子。

先讓我們再確認一次過濾器的作用(第5章§3)。

當區塊 ij 輸入至隱藏層 unit H_k 時,「輸入線性總和」 s_{ij}^{Fk} 、輸出 h_{ij}^{Fk} 可表示如下。

$$s_{ij}^{Fk} = w_{11}^{Fk} x_{ij} + w_{12}^{Fk} x_{ij+1} + w_{13}^{Fk} x_{ij+2} + \cdots + w_{44}^{Fk} x_{i+3j+3} - \theta^{Fk} \cdots (1)$$
$$h_{ij}^{Fk} = \sigma(s_{ij}^{Fk}) \cdots (2)$$

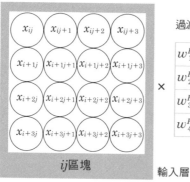

過濾器 k(k=1,2,3)

輸入線性總和

$$\Rightarrow s_{ij}^{Fk} \Rightarrow h_{ij}^{Fk} = \sigma(s_{ij}^{Fk})$$

ij 區塊　　　　輸入層

閾值 $-\theta^{Fk}$

式子(1)、(2)符號的關係。

考慮以下兩個向量。

$$\boldsymbol{w} = (w_{11}^{Fk}, w_{12}^{Fk}, w_{13}^{Fk}, \cdots, w_{44}^{Fk}) \cdots (3)$$

$$\boldsymbol{d} = (x_{ij}, x_{ij+1}, x_{ij+2}, \cdots, x_{i+3j+3}) \cdots (4)$$

向量 $\boldsymbol{w}$ 是由過濾器 k 的成分（也就是權重）所組成的向量。向量 $\boldsymbol{d}$ 是圖像區塊中各像素的數值成分。

式子（1）可表示成（3）、（4）這兩個向量的內積，如下所示。

$$s_{ij}^{Fk} = \boldsymbol{w} \cdot \boldsymbol{d} - \theta^{Fk} \cdots (5)$$

向量的方向愈接近，內積數值就愈大；方向相反時，內積數值就會變小。

> $\boldsymbol{w}$、$\boldsymbol{d}$ 的方向相近時，內積也比較大。

每個神經元都有各自的權重與閾值，皆為常數。這些常數構成了過濾器 k 的成分，故向量 $\boldsymbol{w}$ 是一個常數向量。

再參考式子（5）可以得到以下推論。

「圖像區塊的向量 $\boldsymbol{d}$ 與權重的向量 $\boldsymbol{w}$ 方向愈相似，式子（5）（即（1））的『輸入線性總和』s 的值就愈大。」

兩個向量的方向相似，就表示它們成分的樣式相似。所以（1）的 s_{ij}^{Fk} 就代表了圖像區塊與過濾器 k 的樣式有多相似（即「相似性」）。

如前所述，利用內積（5）判斷圖像樣式的相似性，就叫做「$\boldsymbol{w}$ 的卷積」。

另外，Sigmoid 函數的形狀如下圖所示（第3章§1）。

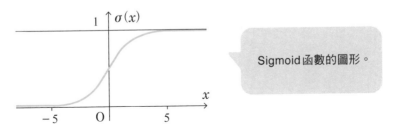

> Sigmoid 函數的圖形。

綜上所述，式子（1）（即（5））的數值愈大，式子（2）計算出來的Sigmoid函數值 h_{ij}^{Fk} 就愈大。而且這個值會介於0與1之間。

這表示，式子（2）算出來的值可以解釋成圖像區塊與過濾器 k 的「相似度」（要特別留意的是，前面說的是「相似性」，這裡則轉變成了「相似度」）。

下圖為說明這種關係的示意圖。

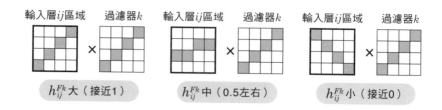

■ 整理

由以上說明，應該可以了解式子（1）、（2）操作的目的。這樣的操作可以告訴我們「圖像區塊與過濾器 k 的樣式有多相似」，即「相似度」。而這也可以用來表示「圖像區塊中含有多少比例的過濾器 k 樣式」，即「佔比」。

附錄 J. 單元誤差與梯度的關係

在第7章§2中，我們引入了代表**單元誤差**（errors）的變數 δ。並提到了以下的關係。

（註）函數或符號的意義請參考正文（第7章）。

令 $\delta_j^H = \dfrac{\partial e}{\partial s_j^H}$　　（$j = 1, 2, 3$）$\cdots$（1）

則可推得：

$$\frac{\partial e}{\partial w_{ji}^H} = \delta_j^H x_i \,、\, \frac{\partial e}{\partial \theta_j^H} = -\delta_j^H \ (i = 1, 2, \cdots, 20 \,、\, j = 1, 2, 3) \cdots (2)$$

以下將證明 $i = 2$、$j = 1$ 的情況。其他情況可依此類推。

由偏微分的連鎖律（附錄G）可以推得以下式子。

$$\frac{\partial e}{\partial w_{12}^H} = \frac{\partial e}{\partial s_1^H} \frac{\partial s_1^H}{\partial w_{12}^H} \cdots (3)$$

由式子（1）與「輸入線性總和」s_1^H 的定義（第7章§2式子（3））可以知道：

$$\frac{\partial e}{\partial s_1^H} = \delta_1^H \,、\, s_1^H = w_{11}^H x_1 + w_{12}^H x_2 + \cdots + w_{1\,20}^H x_{20} - \theta_1^H \cdots (4)$$

將這個式子代入式子（3），可以得到 $\dfrac{\partial e}{\partial w_{12}^H} = \delta_1^H x_2$

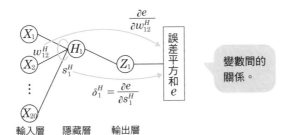

同樣的，由偏微分的連鎖律（附錄G）可以推得以下式子。

$$\frac{\partial e}{\partial \theta_1^H} = \frac{\partial e}{\partial s_1^H} \frac{\partial s_1^H}{\partial \theta_1^H}$$

由式子（1）、（4）可以知道，

$$\frac{\partial e}{\partial \theta_1^H} = \delta_1^H (-1) = -\delta_1^H$$

（證明結束）

以上為式子（2）的證明。接著要證明的是以下關係式。

$$\delta_k^O = \frac{\partial e}{\partial s_k^O} \quad (k = 1, 2, 3, 4) \cdots (5)$$

則可推得：

$$\frac{\partial e}{\partial w_{kj}^O} = \delta_k^O h_j \, \cdot \, \frac{\partial e}{\partial \theta_k^O} = -\delta_k^O \quad (j = 1, 2, 3 \, \cdot \, k = 1, 2, 3, 4) \cdots (6)$$

以下將證明 $j = 1$、$k = 1$ 時，式子（6）的前半部分成立。其他情況可依此類推。

由偏微分的連鎖律（附錄 G）可以推得以下式子。

$$\frac{\partial e}{\partial w_{11}^O} = \frac{\partial e}{\partial s_1^O} \frac{\partial s_1^O}{\partial w_{11}^O} \cdots (7)$$

由 δ_1^O 的定義式（5）以及 s_1^O 的定義（第 7 章 §2 式子（4））可以知道

$$\frac{\partial e}{\partial s_1^O} = \delta_1^O \, \cdot \, s_1^O = w_{11}^O h_1 + w_{12}^O h_2 + w_{13}^O h_3 - \theta_1^O \, \cdot \, \frac{\partial s_1^O}{\partial w_{11}^O} = h_1$$

將這個式子代入式子（7），可以得到 $\frac{\partial e}{\partial w_{11}^O} = \delta_1^O h_1$　　（證明結束）

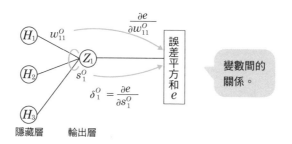

隱藏層　　　　輸出層

附錄 K. 單元誤差與各層間的關係

第7章§2中，我們引入了代表**單元誤差**（errors）的變數 δ，並使用相鄰層間的「反向」遞迴式求出各個參數值。我們所使用的**遞迴式**如下所示。

〔註〕函數或符號的意義請參考正文（第7章）。

$$令 \delta_j^H = \frac{\partial e}{\partial s_j^H} \quad (j = 1, 2, 3) \cdot \delta_k^O \frac{\partial e}{\partial s_k^O} \quad (k = 1, \cdots, 4) \cdots (1)$$

並假設隱藏層的激勵函數為 $h = a(s)$，則可推得：

$$\delta_j^H = (\delta_1^O w_{1j}^O + \cdots + \delta_4^O w_{4j}^O) = a'(s_j^H) \quad (i = 1, 2, 3) \cdots (2)$$

以下將證明 $j = 1$ 時的情況。其他情況可依此類推。

由偏微分的連鎖律（附錄 G）可以推得以下式子。

$$\delta_1^H = \frac{\partial e}{\partial s_1^H} = \frac{\partial e}{\partial s_1^O} \frac{\partial s_1^O}{\partial h_1} \frac{\partial h_1}{\partial s_1^H} + \cdots + \frac{\partial e}{\partial s_4^O} \frac{\partial s_4^O}{\partial h_1} \frac{\partial h_1}{\partial s_1^H}$$

$$= \left(\frac{\partial e}{\partial s_1^O} \frac{\partial s_1^O}{\partial h_1} + \cdots + \frac{\partial e}{\partial s_4^O} \frac{\partial s_4^O}{\partial h_1} \right) \frac{\partial h_1}{\partial s_1^H} \cdots (3)$$

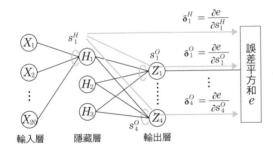

式子（3）中各變數的意義。計算誤差平方和 e 時，需要用到 Z_1、$\cdots$、Z_4 等四條路徑上的所有變數。

由定義式（1）可以知道：

$$\frac{\partial e}{\partial s_1^O} = \delta_1^O \quad \cdots \quad \frac{\partial e}{\partial s_4^O} = \delta_4^O \cdots (4)$$

另外，s_k^O（$k = 1, \cdots, 4$）與 h_j（$j = 1, 2, 3$）之間有以下關係（第7章§2式子（4））。

$$\left.\begin{array}{l} s_1^O = w_{11}^O\, h_1 + w_{12}^O\, h_2 + w_{13}^O\, h_3 - \theta_1^O \\ \cdots \qquad\qquad \cdots \\ s_4^O = w_{41}^O\, h_1 + w_{42}^O\, h_2 + w_{43}^O\, h_3 - \theta_4^O \end{array}\right\} \cdots (5)$$

由式子（5）可以得到：

$$\frac{\partial s_1^O}{\partial h_1} = w_{11}^O \;、\cdots、\; \frac{\partial s_4^O}{\partial h_1} = w_{41}^O \cdots (6)$$

因為隱藏層的激勵函數為 $a(s)$，故：

$$\frac{\partial h_1}{\partial s_1^H} = a'(s_1^H) \cdots (7)$$

將式子（4）、（6）、（7）代入式子（3），可以得到：

$$\delta_1^H = (\delta_1^O\, w_{11}^O + \cdots + \delta_4^O\, w_{41}^O)\, a'(s_1^H) \cdots (8)$$

這樣便可證明 $j=1$ 時的式子（2）。

δ_2^H、δ_3^H 的證明也可依此類推，將這些證明結合起來，就是完整的式子（2）。

（證明結束）

　　如同正文中提到的，式子（2）的計算方向與神經網路的計算方向相反，是由 δ_1^O、$\cdots$、δ_4^O 求算出 δ_1^H、δ_2^H、δ_3^H。這就是誤差反向傳播法的名稱中「反向」的由來。我們在第7章中也曾提過這點。

作者簡介

涌井貞美（Sadami Wakui）

1952年出生於東京。東京大學理學系研究科碩士畢業，曾任職於富士通，擔任過神奈川縣立高等學校教師，後來成為獨立科學作家。因其解說的文章詳細、易懂而廣受好評。

著作包括《まずはこの一冊から 意味がわかる統計解析》（ベレ出版）、《図解・ベイズ統計「超」入門》（SBクリエイティブ）、《統計学の図鑑》（技術評論社）、《深度學習的數學：用數學開啟深度學習的大門》（博碩）、《大人的理科教室：構成物理・化學基礎的70項定律》（台灣東販）等。

圖解 AI與深度學習的運作機制

2021年8月1日初版第一刷發行
2024年4月1日初版第三刷發行

作　　　者	涌井貞美	
譯　　　者	陳朕疆	
編　　　輯	邱千容	
美 術 編 輯	黃郁琇	
審　　　訂	陳祐嘉	
發 行 人	若森稔雄	
發 行 所	台灣東販股份有限公司	
	＜地址＞台北市南京東路4段130號2F-1	
	＜電話＞（02）2577 - 8878	
	＜傳真＞（02）2577 - 8896	
	＜網址＞http://www.tohan.com.tw	
郵 撥 帳 號	1405049 - 4	
法 律 顧 問	蕭雄淋律師	
總 經 銷	聯合發行股份有限公司	
	＜電話＞（02）2917 - 8022	

著作權所有，禁止翻印轉載。
購買本書者，如遇缺頁或裝訂錯誤，
請寄回更換（海外地區除外）。
Printed in Taiwan

國家圖書館出版品預行編目資料

圖解AI與深度學習的運作機制 / 涌井貞美著 ; 陳朕疆譯. -- 初版. -- 臺北市 : 臺灣東販, 2021.08
304面 ; 14.8×21公分
ISBN 978-626-304-752-5（平裝）

1.人工智慧 2.機器學習

312.83　　　　　　　　　　110010583

KOUKOU SUGAKU DE WAKARU
DEEP LEARNING NO SHIKUMI
© SADAMI WAKUI 2019
Originally published in Japan in 2019
by BERET PUBLISHING CO., LTD.
Chinese translation rights arranged
through
TOHAN CORPORATION, TOKYO.